書き込み式
はじめての水理学

寺田　一美【著】

コ ロ ナ 社

はじめに

この本ははじめて水理学を学ぶ人のために，できる限りわかりやすく，シンプルに，水理学の基本を伝えたいと思い作りました。大学・短大や専門学校・高校の学生さんはもちろん，土木関連の職に就かれた方，ダムや河川に関心を持った方など，ほんの少しでも水理学に興味を持ってくれた方，学ぶ機会を得た方に，入門書として役立ててもらいたいと思い書きました。

大学で教鞭をとり始めてから，文系出身の学生さんや，とにかく数学や物理が苦手！という学生さんなど，さまざまなバックグラウンドを持つ皆さんに，いかに水理学を理解してもらい，その基本スキルを身に付けてもらうかを考えてきました。約 10 年の教員生活で私が得た結論は，とにかく自分の手を動かして，公式を書く，問題を解く，それを繰り返すことでした。

水理学は，水の力，エネルギーを考える学問です。土木工学科では三力学の一つとして教えられることが多い重要な基礎科目です。具体的には，ダムのゲートに働く力，ポンプや河川・水路の流れなど，実際の現場で必要となる知識を学びます。本書では，まず第 1 章で単位など学習に必要な基本事項を学び，第 2 章で水の基礎的な性質について学びます。第 3 章では動いていない（静止した）水の力学，第 4 章では流れのある水の基礎方程式，第 5，6 章でその実例（管水路と開水路）を学びます。

本書の一番の特徴は，内容をごくシンプルに厳選した点です。あれもこれも面白い，たくさん伝えたいという気持ちは山々ですが，とにかく「勉強苦手！」というビギナーさんでも水理学の初歩が身に付くよう，必要な公式，内容に絞りました。中には理論式をもっと知りたい，物足りないという人もいると思います。水理学は歴史のある学問であり，尊敬すべき良書がたくさんあります。巻末の参考文献に一部ご紹介しましたので，より奥深い水理学の世界にぜひチャレンジしてみてください。

くどいようですが，水理学をマスターするためには，まずはとにかく，正しく計算できるスキルが必要です。そのためには，訓練あるのみです。自分の手を動かして書いてみること，論理立てて数式を展開していくことが重要です。漫画を楽しむためには文字が読めなければならないように，水理学を楽しむためには，物理・数学の基本的スキルが必要です。本書では単位・次元などの基礎から始まります。

学び始めるに遅すぎることはありません。一緒に頑張っていきましょう！

寺田　一美

この本の使い方

● 自学自習として

この本は大学の講義を意識し，Lesson 形式になっています。各 Lesson には，① 解説ページ，② 理解度チェックページ，③ 練習問題が用意されています。まずは ① 解説ページをよく読み，② 理解度チェックページに重要なキーワードや公式を記入してください。解説を理解しているかどうかのチェックになりますし，また，つぎの練習問題で使う公式が抜粋してあります。繰り返すことが大事なので，必ず自分の手を動かし，記入するようにしてください。③ は ② で記入した公式を用いて解く練習問題です。練習問題を解くことで，公式や理論の理解が進みますし，そのためのシンプルな問題ばかりを厳選しています。ぜひチャレンジしてみてください。解説ページの書き込み欄の答えや練習問題の解答は，コロナ社の web ページ†で確認することができます。わからない，間違えた場合は，解答を見ながらしっかり順序立てて，丁寧に数式を記入してください。

練習問題には計算欄と，解答欄の 2 か所を用意しています。計算欄にはしっかりと途中式を論理立てて書いてください。解答欄には計算結果の値と単位を記入してください。これは，解答は値と単位の 1 セットではじめて意味をなすものだということを，体に叩き込んでもらいたいためです。だまされたと思って，しっかり手を動かしてみてください。

→☺ 難易度が高い（難しすぎる！）と感じた学生さんへ。

Lesson の例題もしくは練習問題のうち，どれか一つで構いません。同じ問題を，繰り返し繰り返し，解いてみてください。この訓練が確実に力になります。

→☺ 難易度が低い（簡単すぎる！）という学生さんへ。

Lesson 末の練習問題をクリアしたら，ぜひ Exercises にもチャレンジしてください。Exercises には過去の公務員試験問題など，就職試験に役立つ問題をピックアップしています。より高みを目指して頑張ってみてください。また参考文献に記載している教科書や演習書も参考にしてみてください。

● 講義テキストとして

大学の講義などでご使用いただく場合，1 回分の Lesson が 90〜100 分程度で終了するように意識して作成しております。Exercises の演習問題を利用していただいて，100 分×2 コマ / 週，半年（12〜14 週）程度で終了できます。もしくは Lesson 1，13，21 などを簡略化して，週 1 コマ程度で進めていただくこともできます。

---

† コロナ社 web ページ（https://www.coronasha.co.jp/）から本書の書名で検索。
本書の書籍詳細ページの「▶関連資料」をクリックしてください。

目次

第４章　流れの基礎と三つの支配方程式

第1章

次 元 と 単 位

まずはじめに，次元と単位について学ぶ。質量1.00。単位がなければ意味のある値にはならない。kg（キログラム）なのか t（トン）なのか，はたまた g（グラム）なのか？　単位が違えば，意味するものはまったく違う。

水理学の演習問題を解く際に，最も多いミスは単位の間違いである。時間をかけて，手を動かし，しっかりマスターしよう！

Lesson 1　有効数字と単位

☺ 次元は単位の親分なり ☺

1-1.　有効数字と精度

これから水理学の勉強スタート！　ではあるが，水理学では数式を使って計算を行い，数字と単位で解答することが多い。長さや質量など，計測した値とその単位で表す量を＿＿＿＿＿＿＿＿＿＿＿＿＿＿＿という。単位とそしてその値の精度（正確さ，真の値にどれほど近いのか）は，計測した機器によって決まる。Lesson 1 では，数字の取り扱い（有効数字）と，単位の基本について学んでいこう。

まずは数字の表し方とその精度について考えてみよう。**図 1.1** に示す 2 種類の定規で長さを測る時，どちらが精度よく測れるだろうか？　計測する際は最小目盛りの 1/10 の値を目分量で読む。すると左の定規では＿＿＿＿＿＿＿cm，右の定規では＿＿＿＿＿＿＿cm と読むことができる。計測器の最小目盛りが増えるほど，より精密な測定が可能となり，この場合では右の定規の方が精度は高い。ここで，どこまでが計測器の最小目盛りで測った信憑性の高い値であり，どこからが推測値なのかを示すものが＿＿＿＿＿＿＿＿＿＿である。

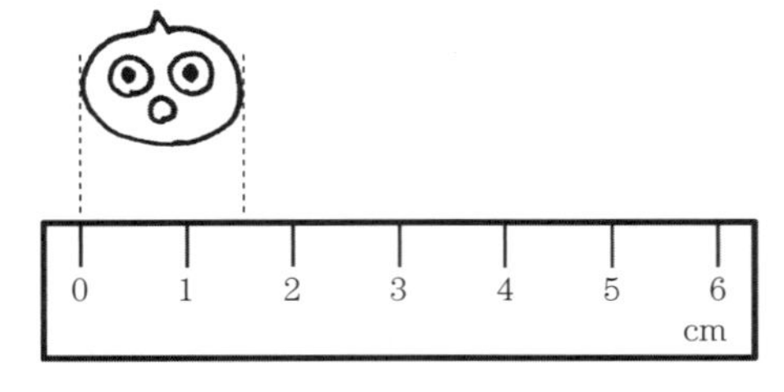

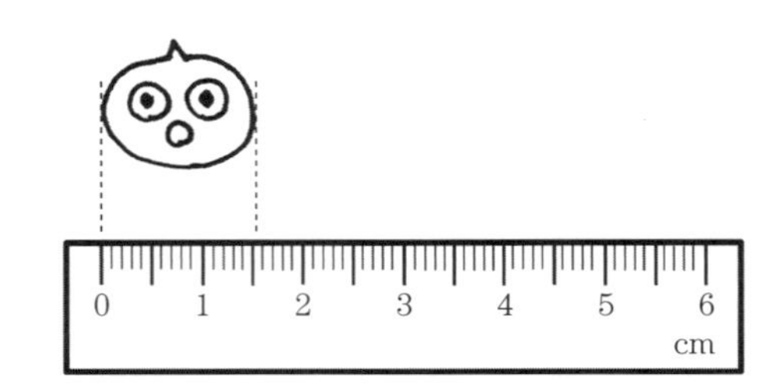

図 1.1　2 種類の精度の違う定規

1-2.　有効数字の表記方法

有効数字は「小数第 3 位まで有効」などのように，最小の桁数で表す場合と，「有効数字 3 桁」などのように，全桁数で表す場合の 2 種類ある。数え方は，0 以外の数値がはじめて現れる位から桁数を数えればいい。例えば，12.34 の有効数字は＿＿＿＿＿＿桁 であり，同様に 0.001 234 の有効数字は＿＿＿＿＿＿桁，0.001 234 0 の有効数字は＿＿＿＿＿＿桁 である（**図 1.2**）。最後のゼロも有効数字として数える。ゼロを付け忘れると精度を落とすことになり，有効数字の損失と呼ぶ。数字のゼロには意味があるため，勝手に付け加えたり消したりしてはいけない。

水理学では単位の換算を行うことがよくある。例えば，1.00 km は 1 000 m であり，100 000 cm であるが，その有効数字は＿＿＿＿＿＿桁，＿＿＿＿＿＿桁，＿＿＿＿＿＿桁と，同じ物理量を換算したはずなのに，有効数字が異なってしまっている（**図 1.3**）。これ

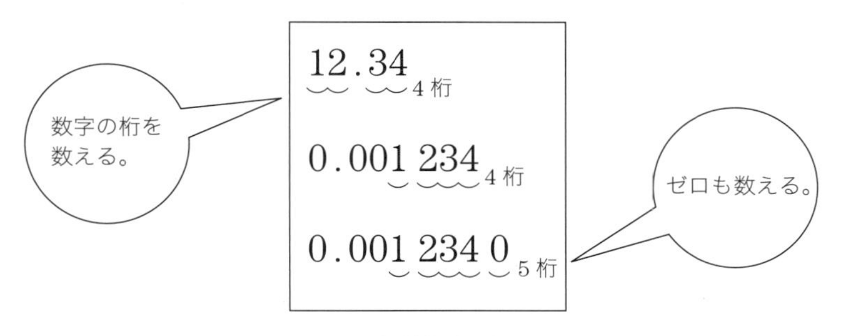

図 1.2　有効数字の数え方

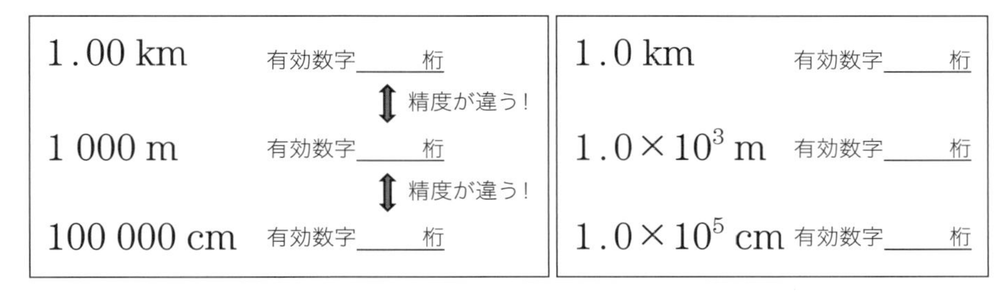

図 1.3　有効数字の誤表記（左）と正しい表記（右）

では良くない。そこで登場するのが 10^n を用いる方法である。1 000 m は＿＿＿＿＿＿m，100 000 cm は＿＿＿＿＿＿cm と表記すれば，すべて有効数字は 2 桁となる。本教科書ではできる限りこの形式で物理量を記述していこう。

有効数字を持つ値の計算を行うときも注意が必要である。計算結果の有効数字は，原則として精度の悪い方（有効数字の桁数が小さい方）に足を引っ張られる形になる。有効数字の 1 番下位の値は推定値であった。その推定値の位に気を付けて計算しよう。例えば，足し算，引き算を行う時は，有効数字の最末桁（下記例 ① では小数第 1 位）の一つ下の桁（小数第 2 位）を四捨五入する。掛け算，割り算を行うときは，有効数字の桁数が少ない方の桁数に合わせればよく，一つ下の桁（下記例 ② では小数第 3 位）を四捨五入する。

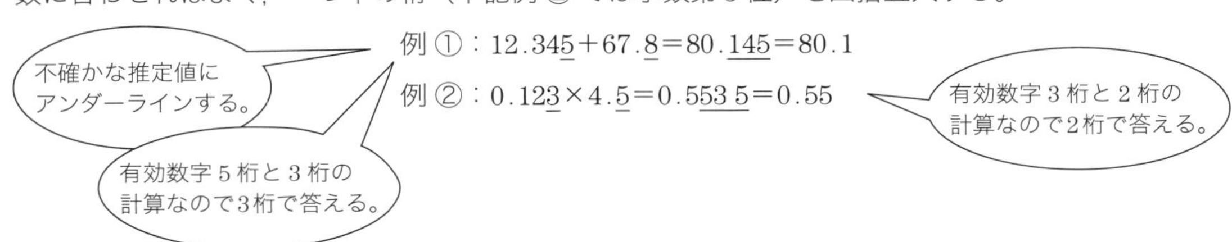

1-3．次 元 と 単 位

君の身長は？　と聞かれて，何と答えるだろう？

「170 cm」，「1.70 m」，「0.001 70 km」。どれも正解である。

長さを表す＿＿＿＿＿＿は，cm（センチメートル）も m（メートル）も km（キロメートル）も正解である。ただし，身長は一般的には 170 cm と言い表すことが多いのではないだろうか。0.001 70 km と言われても，ぱっとわかりにくい。このように，扱う量の大小で単位は適切なものを選ばねばならない。

ここで，長さや質量といった物理的な**基本量**を，シンプルに記号で呼ぶこととする。長さ（length）は **[L]**，質量（mass）は **[M]**，時間（time）は **[T]** で表す。例えば，正方形の面積は横×縦，すなわち長さ×長さで求めるため [L^2] となる。では，下記の物理量はどうだろう？

体積 V＝長さ×長さ×長さ：[L^3]

速度 v＝長さ／時間：[L／T]＝[LT^{-1}]

加速度 α＝速度／時間：[L／T^2]＝[LT^{-2}]

力 F＝質量×加速度：[M·L／T^2]＝[MLT^{-2}]

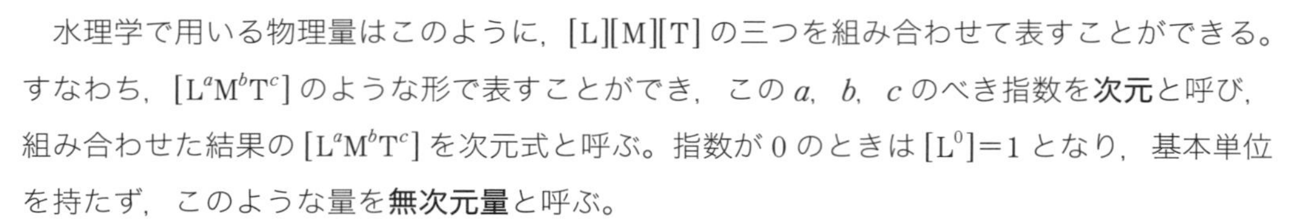

水理学で用いる物理量はこのように，[L][M][T] の三つを組み合わせて表すことができる。すなわち，[$L^aM^bT^c$] のような形で表すことができ，この a，b，c のべき指数を**次元**と呼び，組み合わせた結果の [$L^aM^bT^c$] を次元式と呼ぶ。指数が 0 のときは [L^0]＝1 となり，基本単位を持たず，このような量を**無次元量**と呼ぶ。

一方，具体的な cm や m などを**単位**と呼ぶ。すなわち，次元は単位をすべて内包しているため，次元式はスケールに関係なくある一つの物理量を表すことができ，便利なのである。

1-4．CGS 単位系，MKS 単位系と国際単位系（SI）

ではもう少し，単位について考えていこう。身長は cm，m どちらでも表すことができた。対象とする量の大小に合わせて，また，実際に用いることの多い大きさに合わせて，いくつかの単位をまとめた呼称がある。

① **CGS 単位系**：　長さの単位を **cm**，質量の単位を **g**，時間の単位を **s**（second：秒）で表す。

② **MKS 単位系**：　長さの単位を **m**，質量の単位を **kg**，時間の単位を **s** で表す。

例えば，君の身長を CGS 単位系で答えろ，と問われたら，＿＿＿＿＿＿＿＿ と答えねばならないし，MKS 単位系であれば，＿＿＿＿＿＿＿＿ と答えねばならない。

③ **国際単位系**（International System of Units）**SI**：　長さの単位を m，質量の単位を kg，時間の単位を s で表すところまでは MKS 単位系と同じだが，**力の単位 N**（ニュートン）や**圧力の単位 Pa**（パスカル）など，m や kg，s を組み合わせた単位（**組立単位**）を含んでいる。次節でもう少し詳しく学ぼう。

1-5．力の単位

物体にかかる力は，1 kg の質量を持つ物体に，1 m/s^2 の加速度を与えるための力を基準に考える。すなわち，力の次元は下記となる。

力 F＝質量×加速度：[　　　　　]

単位は，CGS 単位系では＿＿＿＿＿＿＿＿となり，MKS 単位系では＿＿＿＿＿＿＿＿となる。力の単位は日常でも工学の現場でもよく使う。そこで，力の単位を一つの記号で表すことにしよう，という発想が組立単位である。

CGS 単位系の力の単位＿＿＿＿＿＿＿＿を **dyn**（ダイン）

MKS 単位系の力の単位＿＿＿＿＿＿＿＿を **N**（ニュートン）

と表す。MKS 単位系にこれら dyn や N などの組立単位を含んだ単位系を＿＿＿＿＿＿＿＿と呼ぶのである。

1-6．圧力の単位

つぎに，圧力について考えてみよう。A 君がジュースを飲むため，ストローでふたに穴をあけようとしている。ストローのとがった方で刺すときと，丸い方で刺すときとで，どちらが楽に刺すことができるだろう？　同じ力をかけても，とがった方で刺したときの方が簡単に穴が開くはずだ。これはすなわち，力をどれだけの面積にかけるか？　という違いを意味している。力と力をかける面積の関係を考えることが非常に重要なのである。圧力とは面を垂直に押す単位面積当りにかかる力を意味する。すなわち，圧力の次元は

圧力 p＝力/面積：$[\mathrm{M \cdot L/T^2/L^2}]=[\mathrm{ML^{-1}T^{-2}}]$

となり，単位系は SI が一般的であり kg/(m·s^2)＝N/m^2 と表せ，これを **Pa**（パスカル）と呼ぶ。

1-7．仕事の単位

Lesson 1 の最後の説明は「仕事」についてである。物理学で意味する仕事は，ある力をかけて“どれだけ”動かしたかを表す。つまり仕事とは，力×その力で動かした距離を意味する。すなわち，仕事の次元は

仕事＝力×移動距離：$[\mathrm{M \cdot L/T^2 \cdot L}]=[\mathrm{ML^2T^{-2}}]$

単位は SI では＿＿＿＿＿＿＿＿となり，これを **J**（ジュール）と呼ぶ。

また，CGS 単位系では＿＿＿＿＿＿＿＿となり，これを **erg**（エルグ）と呼ぶ。

理解度チェック！

下記の**表 1.1** 中の空欄を埋めよう。

表 1.1　次元と単位

量	次元	CGS 単位系		SI	
				MKS 単位系	組立単位
長さ	[L]	cm		m	
質量					
時間					
速度					
加速度					
力		基本単位	組立単位	基本単位	組立単位
圧力		基本単位	組立単位	基本単位	組立単位
仕事		基本単位	組立単位	基本単位	組立単位

練 習 問 題

【問 1】　有効数字に気を付けて，下記の計算を行え。計算は下記空白の計算欄に行い，解答は次ページの解答欄に，計算結果（数字）と単位を記入すること。

（**1**）　25 g のお菓子を 1.7 g の袋に詰めると，全部で何 g になるか。（解答欄 ①）

［計算欄］

有効数字が 1 番粗い項と解答の有効数字が同じになるようにする。

（**2**）　横 2.5 cm，縦 3.78 cm の長方形の面積を求めよ。（解答欄 ②）

［計算欄］

最小有効数字で解答の有効数字が決まる。

【問 2】 質量 0.10 g のみずたまさんが，3.5 秒かけて 1.3 cm 移動した。そのときの速度を，CGS 単位系（解答欄 ③）および MKS 単位系（解答欄 ④）で求めよ。

［計算欄］

明記がない限り，解答の有効数字は問題文の値と合わせる。

【問 3】 質量 0.10 g のみずたまさんにかかる重力を CGS 単位系（解答欄 ⑤）および SI（解答欄 ⑥）で求めよ。ただし，重力加速度 $g=9.80\ \mathrm{m/s^2}$ とする。

［計算欄］

重力加速度は $g=9.806\,65\cdots\ \mathrm{m/s^2}$ であり，正確に四捨五入すると $9.81\ \mathrm{m/s^2}$ であるが，本教科書では入門学習として $9.80\ \mathrm{m/s^2}$ で統一する。土木実験など，専門課程での学習時には注意すること。

	①	②	③	④	⑤	⑥
解答						
（単位）						

単位をつねに書く癖を付けよう！

Lesson 2　絶対単位系と重力単位系

☺ 単位は場所に合わせてフレキシブルに ☺

2-1．体積と質量の単位

今日はまずはじめに，物体の体積と質量を復習しておこう。牛乳パック 1 本を頭に浮かべてみてほしい。牛乳パックの体積は，入っている容器の横×縦×高さで求められる。体積とは，いわゆる物体の“大きさ”である。現場で扱うサイズは，サイコロサイズ（mm や cm）のものから，工場で扱うタンクサイズ（m や km）のものとさまざまであり，扱う量に合わせて単位も変えていかねばならない。

ここで単位の換算を練習してみよう。1 辺が 1 m の立方体（**図 2.1**）の体積 V_1（体積は英語で volume，頭文字をとって V で表す）の次元と単位は

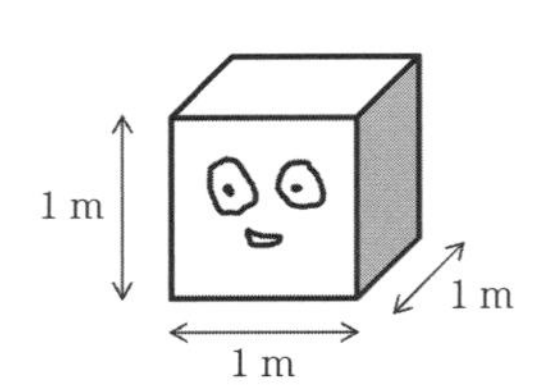

図 2.1　1 辺が 1 m の立方体

V_1 = 長さ×長さ×長さ：＿＿＿＿＿＿＿＿＿＿（次元）

　＝＿＿＿＿＿＿＿＿（MKS 単位系）

　＝＿＿＿＿＿＿＿＿＿＿（CGS 単位系）

続いて，1 辺が 10 cm の立方体（**図 2.2**）の体積 V_2 は下記になる。

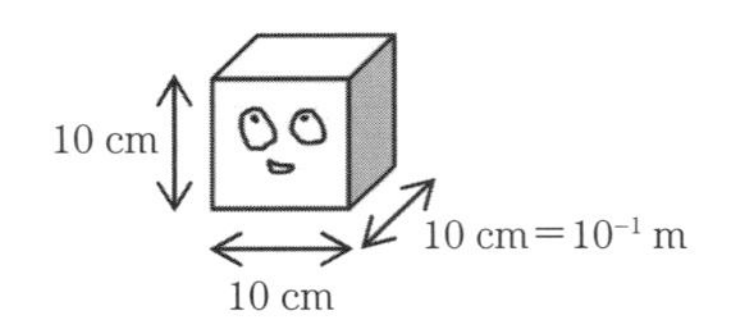

図 2.2　1 辺が 10 cm の立方体

V_2 ＝＿＿＿＿＿＿＿＿（MKS 単位系）

　＝＿＿＿＿＿＿＿＿（CGS 単位系）

　＝ **1 L**（リットル）

日常生活でよく使う L とは，1 辺が 10 cm の立方体の体積を表す。ここで，m^3（立米（りゅうべい），立方メートルとも呼ぶ）と cm^3，L の単位換算を行うと，下記になる。

1 m^3 ＝＿＿＿＿＿＿ cm^3 ＝＿＿＿＿＿＿ L

続いて，質量の単位も整理しよう。

1 t（トン）＝＿＿＿＿＿＿ kg ＝＿＿＿＿＿＿ g ＝＿＿＿＿＿＿ mg

2-2．絶対単位系と重力単位系

絶対単位系とは Lesson 1 で学んだ CGS 単位系や SI のことを指す。復習すると

1 N とは＿＿＿＿＿＿＿＿の質量に＿＿＿＿＿＿＿＿＿＿の加速度を与えるための**力**

1 dyn とは＿＿＿＿＿＿＿＿の質量に＿＿＿＿＿＿＿＿＿＿の加速度を与えるための**力**

であった。水理学では基本的に地球上の水にまつわる力学を考えていく。すなわち，つねに

重力加速度 $g = 9.8\,\mathrm{m/s^2}$ の支配下における計算を行うのである。そこで，その重力加速度の影響を単位に押し込めてしまえ！　という発想が重力単位系である。つまり**重力単位系**とは，質量の代わりに，重量（重力）を用いる単位系のことを指す。質量 1 g の物体に働く重力を，絶対単位系（のうち CGS 単位系）で表すと

$F = mg =$ ＿＿＿＿＿ × ＿＿＿＿＿ ＝ ＿＿＿＿＿ ＝ **1 gf**（グラムフォース）（または **g 重**（グラムじゅう））

のようになり，980 dyn を 1 gf と表した単位系を＿＿＿＿＿と呼ぶのである。

重要なので絶対単位系と重力単位系の関係を整理すると，下記となる。

工学単位系と呼ぶこともあるよ〜。

1 gf（重力単位系）＝＿＿＿＿＿ dyn（絶対単位系）

1 dyn（絶対単位系）＝＿＿＿＿＿ gf（重力単位系）

また同様に，現場でよく用いる kg や t も単位換算すると下記になる。

1 kgf（重力単位系）＝1 kg×$9.80\,\mathrm{m/s^2}$ ＝＿＿＿＿＿ N（絶対単位系）

1 tf（重力単位系）＝1 t×$9.80\,\mathrm{m/s^2}$ ＝＿＿＿＿＿ kN（絶対単位系）

2-3．密度と単位重量

体積，質量，重力単位系の理解はできたかな？　今日はもう一つ重要な，単位重量についても説明しておく。今後の水理学学習でずっと出てくるキーワードなので，しっかり理解してほしい。まず，密度の復習だ。

コップの水に 1 円玉を入れる。1 円玉は浮かぶだろうか，沈むだろうか？　答えは…沈むのである。硬貨の中では 1 円玉が 1 番軽いので，つい“軽い”というイメージを持ってしまうが，1 円玉の素材アルミニウムの密度は $2.698\,\mathrm{g/cm^3}$ と水よりも重いのである。このように，物体の性質を考える際に，同じ大きさ（体積）での質量の比較，すなわち“密度”という概念が非常に重要なのである。

密度とは，単位体積当りの質量である。記号で ρ（ロー）と表す。水の密度 ρ_w は下記となる。

圧力の p（ピー）とは違うよ！

水の密度は粘性の影響で温度によって変化する。（詳しくは Lesson 3）

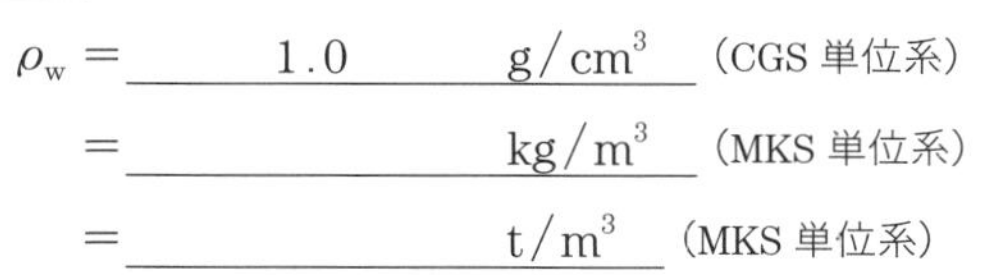

$\rho_w =$ ＿1.0＿ $\mathrm{g/cm^3}$（CGS 単位系）

＝＿＿＿＿＿ $\mathrm{kg/m^3}$（MKS 単位系）

＝＿＿＿＿＿ $\mathrm{t/m^3}$（MKS 単位系）

一方，**単位重量**（**単位体積重量**とも呼ぶ）とは，単位体積当りの重力を意味し，記号で w と表す。

w＝単位体積当りの質量（密度）×重力加速度＝ρg

小さなスケール（$1\,\mathrm{cm^3}$）での水の単位重量 w_w は

$w_w = \rho_w g$

$= \underline{\qquad\qquad}$ g/cm^3 × $\underline{\qquad\qquad}$ cm/s^2 （CGS単位系）

$= \underline{\qquad\qquad}$ gf/cm^3 （重力単位系）

とてつもなく重要！

重力単位系で表すとシンプルだよね。

大きなスケール（1 m^3）での水の単位重量は

$w_w = \rho_w g$

$= \underline{\qquad\qquad}$ kg/m^3 × $\underline{\qquad\qquad}$ m/s^2 （MKS単位系）

$= \underline{\qquad\qquad}$ tf/m^3 （重力単位系）

TRY 理解度チェック！

今日のLessonで重要なポイントは下記である。しつこいようだが，しっかり整理・暗記するために空欄に書き込んでみよう。

【1】 絶対単位系と重力単位系の換算

1 kgf（重力単位系）＝1 kg×9.80 m/s^2＝$\underline{\qquad\qquad}$（絶対単位系）

1 tf（重力単位系）＝1 t×9.80 m/s^2＝$\underline{\qquad\qquad}$（絶対単位系）

【2】 水の密度

ρ_w＝$\underline{\qquad\qquad}$（CGS単位系）＝$\underline{\qquad\qquad}$（MKS単位系）

＝$\underline{\qquad\qquad}$（MKS単位系）

【3】 水の単位重量

w_w＝$\underline{\qquad\qquad}$×$\underline{\qquad\qquad}$（CGS単位系）

＝$\underline{\qquad\qquad}$（重力単位系）

w_w＝$\underline{\qquad\qquad}$×$\underline{\qquad\qquad}$（MKS単位系）

＝$\underline{\qquad\qquad}$（重力単位系）

TRY

練　習　問　題

【問 1】　8.82×10^3 dyn は何 gf か。（解答欄 ①）

［計算欄］

【問 2】　8.00 gf は何 dyn か。（解答欄 ②）

［計算欄］

【問 3】　10 gf（重力単位系）を，CGS 単位系で表せ。（解答欄 ③）

［計算欄］

【問 4】　1.96×10^3 g·cm/s^2（CGS 単位系）を重力単位系で表せ。（解答欄 ④）

［計算欄］

【問 5】　6 m^3 は何 cm^3（解答欄 ⑤），または何 L か。（解答欄 ⑥）

［計算欄］

	①	②	③	④	⑤	⑥
解答						
（単位）						

【問6】 0.8 g/cm^3 のものは何 kg/L（解答欄 ⑦），または何 t/m^3 か。（解答欄 ⑧）

［計算欄］

【問7】 1.176×10^4 dyn は何 gf か。（解答欄 ⑨）

［計算欄］

単位も一緒に
計算するよ。

【問8】 つぎの重力単位系で示してある量を CGS 単位系で表せ。

（**1**） 50 gf （解答欄 ⑩）

［計算欄］

（**2**） 9.00 gf/cm^2 （解答欄 ⑪）

［計算欄］

（**3**） 0.50 $gf \cdot s/cm^2$ （解答欄 ⑫）

［計算欄］

	⑦	⑧	⑨	⑩	⑪	⑫
解答						
（単位）						

第2章

水　の　性　質

水は私たちの生活に必要不可欠であり，農業用水や工業用水など，安全な水を安定的に利用できる環境づくりは土木の重要な使命である。

地球上の水は 14 km^3 もの量が存在するが，そのほとんどが海水であり，淡水はわずか 2.5 %にすぎない。しかも淡水はほとんどが氷山などの形で存在しているため，私たちが利用しやすい河川や湖沼の水量は地球上の水の約 0.01 %しかない。本章では水そのものの持つ特性を学んでいこう。

Lesson 3　水の物理的性質（毛管現象とパスカルの原理）

☺ 水は特異的な性質を持つ ☺

3-1. 水　の　密　度

Lesson 2 では密度について学んだ。密度とは，＿＿＿＿＿＿＿＿当りの＿＿＿＿＿＿＿＿であった。水の密度は温度，塩分，圧力などで変化する。また，水の状態は温度変化に伴って固体–液体–気体と変化する。水は水分子の集まりで形成されており，温度が高くなると分子運動が活発になる。そのため温度が高くなると分子が動ける範囲（体積）が広くなり，質量を一定とすると密度は＿＿＿＿＿＿＿＿する（**図 3.1**）。

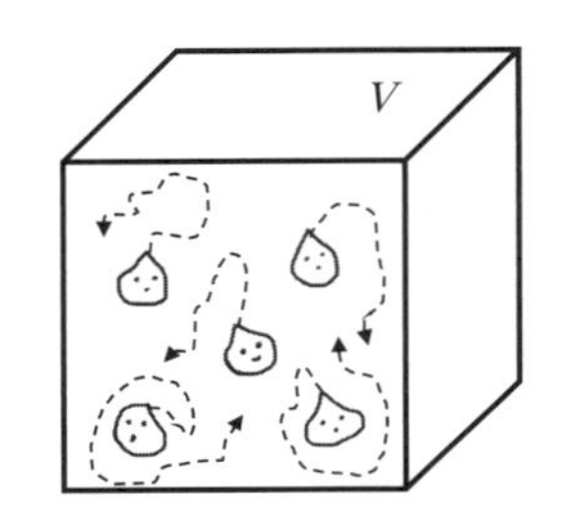

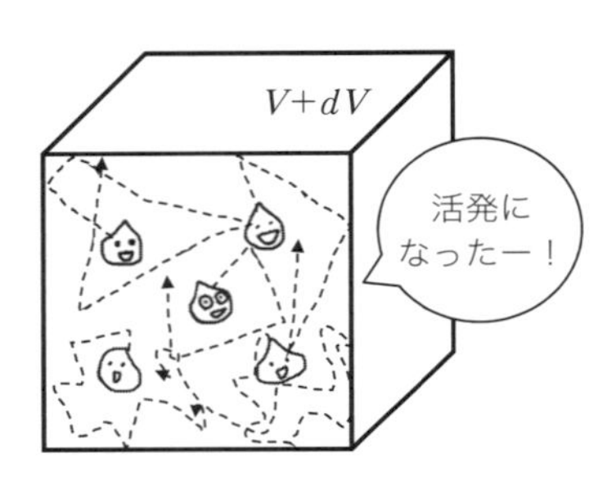

図 3.1　温度上昇とともに密度低下

大気圧（1 013 hPa［ヘクトパスカル］）下における水と空気の密度は**表 3.1** のようになり，20 ℃における水の密度は ρ_w＝＿＿＿＿＿＿，30 ℃における水の密度は ρ_w＝＿＿＿＿＿＿と，温度によって異なることがわかる。

表 3.1　大気圧（1 013 hPa）下における水と空気の密度
（『理科年表 平成 30 年』（丸善出版）より）

温　度〔℃〕	0	10	20	30
水の密度 ρ_w〔kg/m^3〕	999.8	999.7	998.2	995.7
空気の密度 ρ_a〔kg/m^3〕	1.289	1.243	1.201	1.161

＊ 水の密度は 4 ℃で最大となる。

また，20 ℃における空気の密度は ρ_a＝＿＿＿＿＿＿であり，水の密度は空気の約 800 倍も大きいことがわかる。本書における水理学では，今後一貫して 20 ℃の水を扱うと仮定し，水（淡水）の密度は ρ_w＝＿＿＿＿＿＿ ≒ 1 000.0 kg/m^3 としよう。

また，密度に関連して＿＿＿＿＿＿＿＿という言葉がある。これは，ある物質の密度をある標準の密度（一般的には 4 ℃の水）で割った比であり，厳密には温度で変化する。例えば，海水の密度 ρ_{sea} は 1.01 ～ 1.03 g/cm^3 であり，比重にすると＿＿＿＿～＿＿＿＿となり，無次元量となる。

$$\text{海水の比重}=\frac{\text{海水の密度}\ \rho_{sea}}{\text{水の密度}\ \rho_w}=1.01\sim1.03$$

3-2．表面張力と毛管現象

水は水分子（H_2O）の集合体であり，＋に帯電するH原子と－に帯電するO原子とが引き付け合い，分子間で引力（ファン・デル・ワールス力）が働く。そのため，水面ではできるだけその表面積を小さくする性質（**表面張力**）を持つ。体積を一定にすれば，球形が最も表面積が小さくなるため，水滴は球体となる。またガラスなどの固体との接触面には付着力も働き，水に細い管を入れると，管内の水が上下する。このような現象を**毛管現象**（**図3.2**）と呼ぶ。

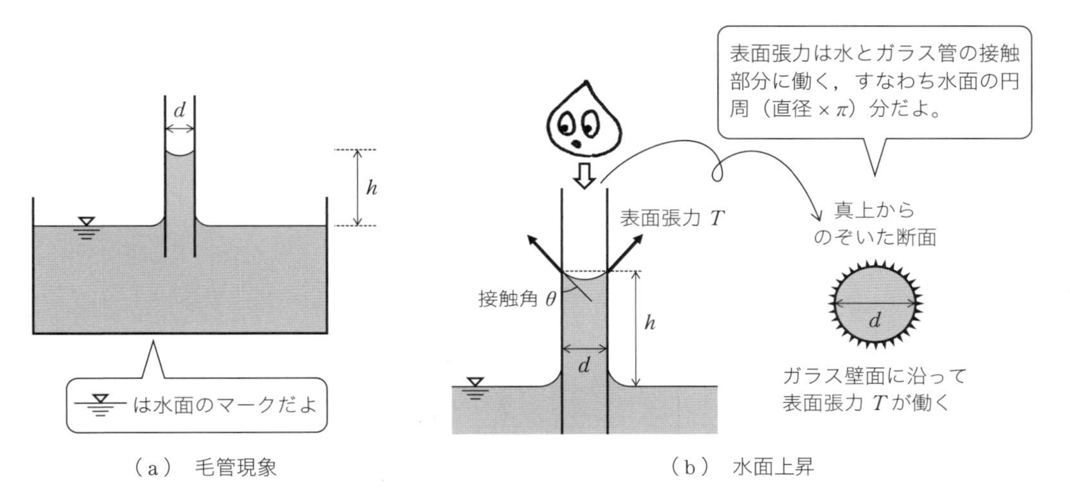

図3.2　毛管現象とその水面上昇

水面の上昇高さを h とし，ガラス管内の力の釣合いを考えてみよう（図（b））。管内には水表面が縮まろうとして表面張力 T が上向きに働く。また高さ h 分の水柱の重力 W が下向きにかかる。表面張力 T は壁面との接触角 θ の方向に働くので，鉛直成分に変換し，力の釣合いを考える。すなわち

全表面張力 T の鉛直成分 ＝ 管内の水の重量 W

を数式化していけばよい。

全表面張力 T の鉛直成分 ＝ ［　　　　］

水の重量 $W = mg$ ＝ ［　　　　］

＝ ［　　　　］

$W=T$ の鉛直成分より

$$\frac{\rho g d^2 h \pi}{4}=\pi d\cdot T\cos\theta$$

$$h=\boxed{} \tag{3.1}$$

表面張力は水と接触する物質の性質によって，その接触角 θ が異なる（**表 3.2**）。また，温度によっても表面張力 T は変化するため（**表 3.3**），注意が必要である。

表 3.2　表面張力 T の接触角 θ

接触する物質	接触角 θ〔°〕
水とガラス	8 ～ 9
水とよく磨いたガラス	0
水と滑らかな鉄	約 5
水銀とガラス	約 140

表 3.3　温度による水の表面張力 T の変化
（『理科年表 平成 30 年』（丸善出版）より）

温度〔℃〕	表面張力 T〔N/m〕
0	7.56×10^{-2}
10	7.42×10^{-2}
15	7.35×10^{-2}
20	7.27×10^{-2}

3-3．水　の　粘　性

水と油を同様に流したとき，水の方がサラッと，油の方がドロッとする印象がないだろうか。このような流体の粘っこさを＿＿＿＿＿＿＿＿と呼び，その度合いを＿＿＿＿＿＿＿＿で表す。もう少し物理的に考えてみると，流体にある力が働いて流体内の分子の相対的な位置がずれそうになると，分子は定まった位置に戻ろうと抵抗する。これが流体の粘りの原因であり，粘性の強さは流体の密度や温度，液体か気体かなどによって異なる（**表 3.4**）。

表 3.4　水と空気の密度，粘性係数（圧力：1 013 hPa）
（『理科年表 平成 30 年』（丸善出版）より）

物　質	温度〔℃〕	密度〔kg/m³〕	粘性係数〔Pa・s〕
水	0	999.8	1.792×10^{-3}
	10	999.7	1.307×10^{-3}
	20	998.2	1.004×10^{-3}
空　気	20	1.201	1.822×10^{-5}

また，粘性係数μはせん断応力τ（タウ）にも深く関連する。**せん断力**とは，物体のある断面に沿って働く摩擦力であり，これに対抗しようとして断面に平行に生じる応力（力/力が作用する断面積）を**せん断応力τ**と呼ぶ。せん断応力τは，粘性係数μと流体の速度vを用いて，つぎの式で表される。

$$\tau = \mu \frac{dv}{dy}$$

構造設計などで非常に重要な値なのでしっかり確認しておこう。

3-4.　水の非圧縮性

空気などの気体は，ガス管に閉じ込めてピストンで押すと，容易に圧縮できる。ところが，水を水道管に閉じ込めてピストンで押しても，簡単に圧縮できない。このように圧縮力をかけても体積が変わらない＝密度が変わらない性質を**非圧縮性**と呼ぶ。

空気などの気体は________________を有し，水は________________を有するといえる。

また，水は形を持たない。そのため，「密閉容器の中では，一部に圧力を加えると，その圧力は増減することなく，水の各部に伝わる」という性質を持つ。これを**パスカルの原理**と呼ぶ。この性質は，小さな力で大きな力を得る水圧機などに利用されている。次節で詳しく見てみよう。

3-5.　パスカルの原理

水は微視的に見ると分子で運動しているが，私たちが日常扱う巨視的なスケールでは均一で，一つにつながって（連続して）いる。そして体積変化もなく，非圧縮性であるため，以下に示すような法則が成り立つ。

> 「密閉された液体の一部に圧力をかけると，
> 圧力は液体の各部に，増減することなく同様に伝わる」

これを________________の原理と呼ぶ（**図3.3**）。

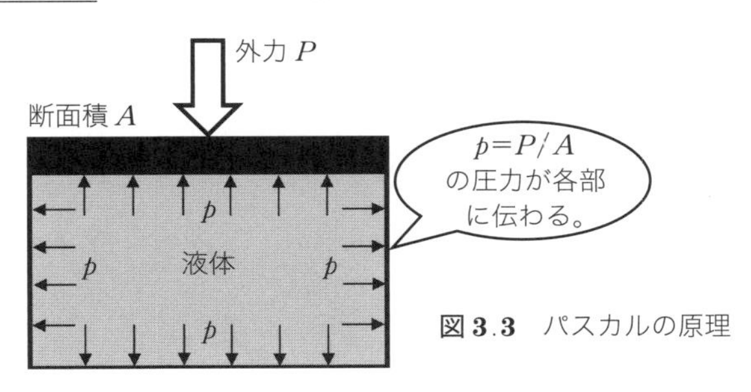

図3.3　パスカルの原理

図3.4 のような，水を入れた密閉容器を考えてみよう。断面積 A_1，A_2 にそれぞれ P_1，P_2 の力を加えたとき，各断面にかかる圧力 p_1，p_2 は

$$p_1 = \boxed{\qquad\qquad}, \qquad p_2 = \boxed{\qquad\qquad}$$

となる。

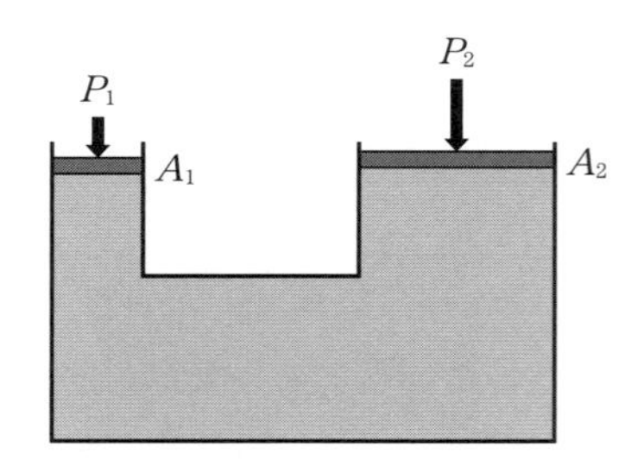

図3.4　水圧機の原理

パスカルの原理より，密閉容器の中での圧力は各部に伝わるので

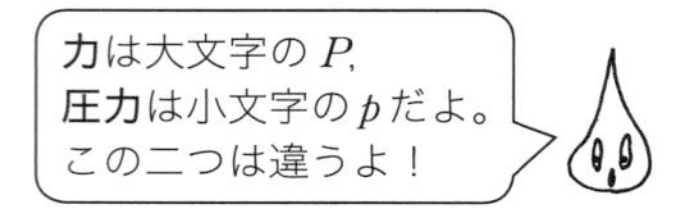

$$p_1 = p_2 = \frac{P_1}{A_1} = \boxed{\qquad\qquad\qquad}$$

となり，A_1 と A_2 の面積比を大きくしておけば，小さな力で非常に大きな力を得ることができる。このような装置を**水圧機**という。

理解度チェック！

【1】　水の密度は温度によって＿＿＿＿＿＿＿＿。

【2】　毛管現象による水面の上昇高さ h：

$$h = \boxed{\qquad\qquad} \tag{3.1}$$

【3】　水は＿＿＿＿＿＿＿＿を有し，空気（気体）は＿＿＿＿＿＿＿＿を有する。

【4】　パスカルの原理：密閉された液体の一部に圧力をかけると，＿＿＿＿＿＿＿＿は液体の各部に，増減することなく同様に伝わる。

練　習　問　題

【例題】 **問図 3.1** のような密閉容器中の水において，断面 ①，② の断面積を $A_1 = 20\ \mathrm{cm}^2$，$A_2 = 5.0 \times 10^2\ \mathrm{cm}^2$ とする。断面 ① のピストンに $p_1 = 30\ \mathrm{N/cm}^2$ の圧力を加えるとき，断面 ② の押し上げる力 P_2 はいくらか。（SI）

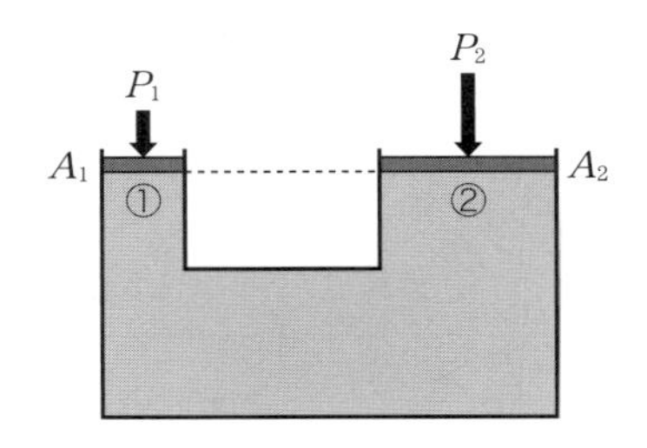

問図 3.1　密閉容器中の水

☺ **解答** ☺

$$P_2 = A_2 \times p_1 = 5.0 \times 10^2 \times 30 = 1.5 \times 10^4\ \mathrm{N}$$ ☺

【問 1】 **問図 3.2** のように，水中によく磨いた細いガラス管を鉛直に立てたとき（接触角 $\theta = 0°$），毛管現象によって管内の水が水面より 2.00 cm 上昇した。ガラス管の直径 d を求めよ。ただし，水温 20 ℃における表面張力 T は 7.28×10 dyn/cm とする。（CGS 単位系）（解答欄 ①）

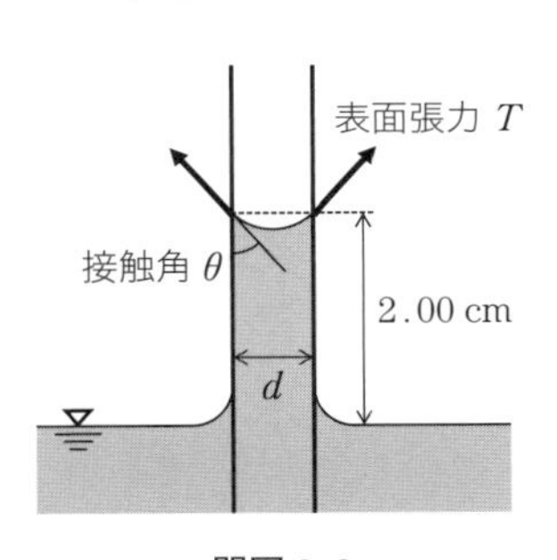

問図 3.2

	①
解答	
（単位）	

【問2】 **問図 3.3** のような水が入った密閉容器において，断面 ①，② の断面積を $A_1 = 2.0 \times 10\ \mathrm{cm}^2$，$A_2 = 1.8 \times 10^2\ \mathrm{cm}^2$，断面 ② 上の荷重 4.5×10 kN をとしたとき，断面 ① の力 P_1 を求めよ。(SI)（解答欄 ②）

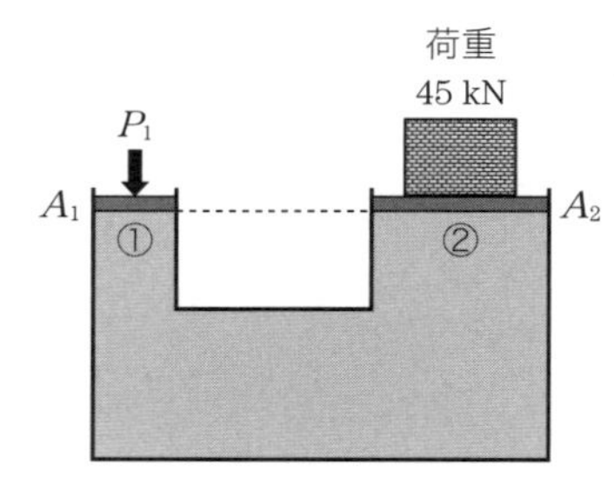

問図 3.3

	②
解答	
（単位）	

第3章

静　　水　　圧

プールや海で泳ぐとき，深く潜れば潜るほど水から受ける力は大きくなる。本章では，動いていない＝静止した状態での水の力（静水力学）について学んでいく。ダムにかかる水圧や船などの浮体に及ぼす影響を学び，安全に設計するためにはどうすればいいのか考えていこう。

Lesson 4　基本（静水圧①）

☺ 深ければ深いほど水圧は大きくなる ☺

4-1.　静 水 圧 と は

水理学では水が静止している場合と，動いている場合の２パターンを考える。静止している場合には水の圧力と量（体積）が重要になり，流れている場合には圧力と量（体積）に加え**摩擦抵抗**が重要になる。まずは，静止している状態で，水の重量から生じる圧力（**静水圧**）について学んでいこう。

水を微細に見てみると水分子が自由に動き回っていることを 3-1 節で学んだ。容器に入った水分子を考えると（**図 4.1**），無数の水分子はさまざまな角度で面に衝突するが，斜め方向の力はたがいに打ち消し合い，面に対して垂直な力のみ働く。静止している水中の圧力（静水圧）の性質は大きく三つある。

① 考えている面に＿＿＿＿＿＿に働く。
② 水中の任意の点では，＿＿＿＿＿＿＿＿＿に等しい値を持つ。
③ 静水圧は＿＿＿＿＿＿に比例する。

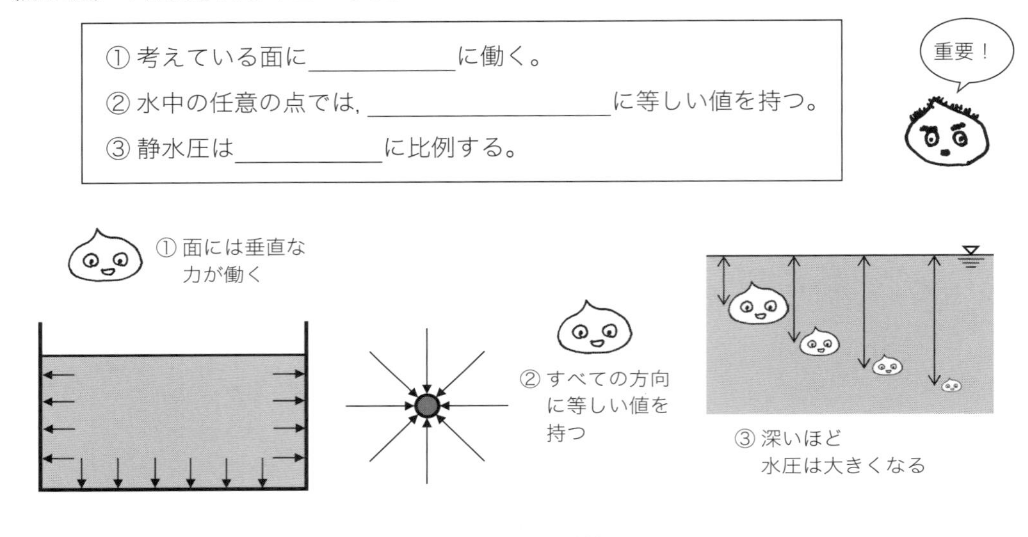

図 4.1　静水圧の特性

4-2.　ある水深 z における静水圧

プールや海で潜水したとき，深く潜れば潜るほど水からの圧力を強く感じないだろうか。静水圧は水の重量から生じるため，深いほど物体にのし掛かる水の量が増える＝静水圧が増えるのである（**図 4.2**）。

ある（任意の）水深 z における静水圧 p_w は水深に＿＿＿＿＿＿＿し，次式で表される。

$$p_w = \boxed{} \tag{4.1}$$

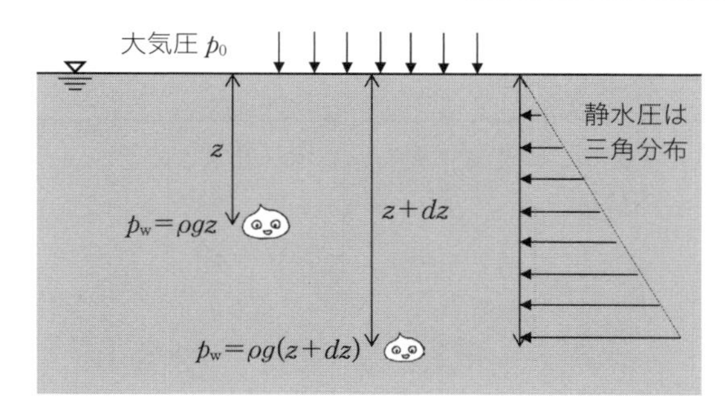

図 4.2　静水圧は水深に比例

地球上にいる私たちはつねに大気圧 p_0 を受けているので，正確には図中のみずたまさん（左）が受ける圧力 p は

$$p = \boxed{} \tag{4.2}$$

となり，大気圧＋水圧で表すべきである。ここで，真空（圧力ゼロ）を基準として大気圧＋静水圧の両方を考える場合の圧力を**絶対圧**，大気圧を基準として静水圧のみを考える場合を**ゲージ圧**と呼ぶ。つまり式 (4.2) が＿＿＿＿＿＿＿＿，式 (4.1) が＿＿＿＿＿＿＿＿である。

水理学では地球上の現象を原則扱うため，大気圧は常に一定の値で加わっていると考え，今後特別明記がない限りゲージ圧として（大気圧は明示することなく）学習を進めていこう。

つまり $p = \rho gz$ で OK！

4-3. 圧　力　水　頭

河川やダムなど水理学の現場では，流量や圧力など，安全のために測定・管理すべきパラメーターは数多くあるが，式 (4.2) より「水深」を測定すると静水圧を計算できることがわかる。ここで式 (4.2) を水深 z について変形すると

$$z = \boxed{} \tag{4.3}$$

となり，これは圧力 p を生ずるのに要する水深を意味する。このように，静水圧を水の単位重量（$w = \rho g$）で割ったものを**圧力水頭**，もしくはシンプルに**水頭**と呼ぶ。

TRY 理解度チェック！

Lesson 4 で重要な公式は下記の二つの式である。もう一度まとめておこう。

【1】 任意の水深 z における静水圧 p：

$$p = \boxed{} \tag{4.1}$$

【2】 圧力水頭 z：

$$z = \boxed{} \tag{4.3}$$

TRY 練　習　問　題

【例題】 水深 5.0 m の水圧を求めよ。単位は SI で答えよ。

☺ 解答 ☺

$p = \rho g z = 1\,000\ \mathrm{kg/m^3} \times 9.80\ \mathrm{m/s^2} \times 5.0\ \mathrm{m} = 49 \times 1\,000\ \mathrm{Pa} = 49\ \mathrm{kPa}$ ☺

$\mathrm{kg} \times \mathrm{m/s^2}$ で N, $\mathrm{N/m^2}$ で Pa だよ。

単位も計算式内に書く癖を付けよう！

【問 1】 水深 10 m の水圧を求めよ。SI（解答欄 ①）と重力単位系（解答欄 ②）とで答えよ。

［計算欄］

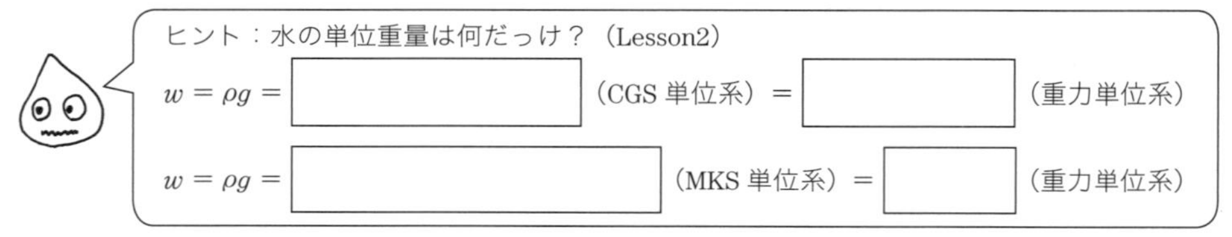

【問 2】 マリアナ海溝（最深部）$1.092\,4 \times 10^4$ m の水圧を求めよ。ただし海水の密度を $1.03\ \mathrm{g/cm^3}$ とし，重力単位系で答えよ。（解答欄 ③）

［計算欄］

淡水の密度は $1.0\ \mathrm{g/cm^3}$, 海水は 1.03 倍重いことになるよ。
すると単位重量 $w = \rho_{sea}\, g$ はどうなるかな？

【問 3】　大気圧 $p_0 = 101.22\ \mathrm{kPa}$ を水頭に換算すると何 m になるか。（有効数字 3 桁）（解答欄 ④）

［計算欄］

【問 4】　**問図 4.1** のように管水路に小さな孔（あな）をあけ，透明な細い管を付けたとき，点 A の水圧と等しい圧力（高さ）になるまで，細管の水は上昇する。このような細管を**マノメーター**（または**ピエゾメーター**）と呼び，管水路内の水圧を測定するために用いられる。点 A での圧力 p_A を求めよ。（SI）（解答欄 ⑤）

問図 4.1　マノメーター

【問 5】　**問図 4.2** の点 A，B，C における静水圧を重力単位系で求めよ。（解答欄 ⑥，⑦，⑧）

問図 4.2　さまざまな水深の静水圧

	①	②	③	④	⑤	⑥	⑦	⑧
解答								
（単位）								

Lesson 5　全静水圧と断面一次モーメント（静水圧②）

☺ 静水圧 p を足し合わせて全静水圧 P ☺

5-1.　静水圧 p と全静水圧 P

Lesson 5 からは水中に静置された物体にかかる力・圧力を考えていく。まずは水面に対して垂直に置かれた平板について（Lesson 5 & 6），続いて斜めに置かれた場合（Lesson 7），平板が曲面になった場合（Lesson 8）と順に学んでいくが，基礎となる方程式は Lesson 4 で学んだ式（4.1）である。

$$\text{任意の水深 } z \text{ における静水圧 } p = \boxed{} \tag{4.1}$$

静水圧は**図 5.1** に示すように，ある点での圧力 p（単位面積当りの力）と，面全体に働く力 P で考える。前者を**静水圧 p**，後者を**全静水圧 P** と呼び，小文字と大文字で区別する。

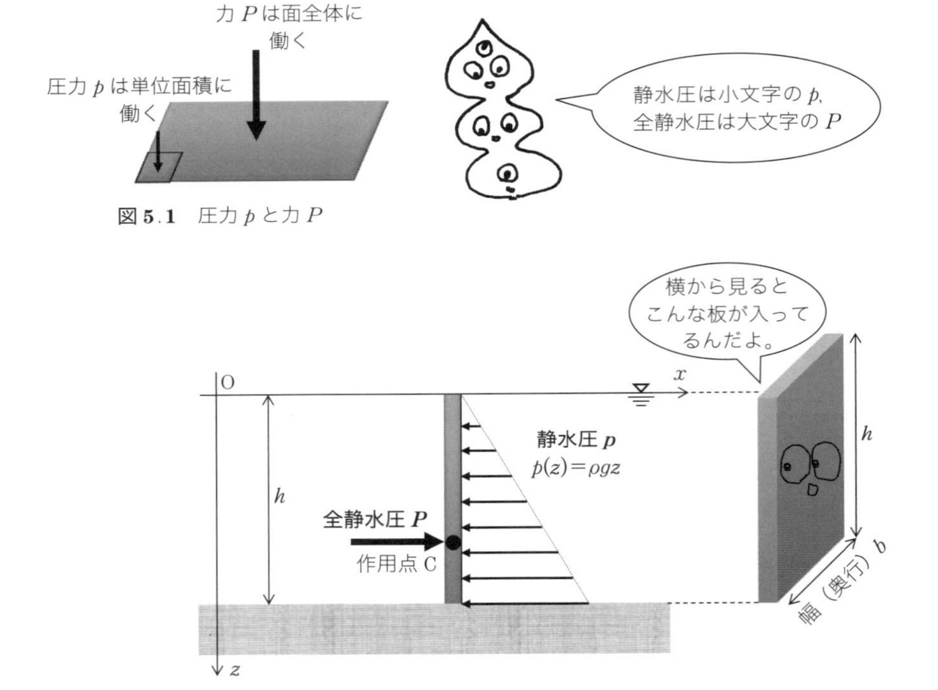

図 5.1　圧力 p と力 P

図 5.2　静水圧 p と全静水圧 P

全水圧 P と呼ぶ教科書も多いが，
本書ではイメージをつかみやす
くするため全静水圧で統一する。

図 5.2 のように，幅（奥行）b，高さ h の板が水中に沈んでいるとする。この**水中の板全体に働く水の力（全静水圧 P）**は，式（4.1）で表した静水圧を板全体で足し合わせる＝積分すれば求められる。ここで，板の幅が b なので，全静水圧 P は次式で表される。

$$P=\int_0^h p\,bdz=\int_0^h \rho gz\,b\,dz=\rho gb\frac{h^2}{2} \tag{5.1}$$

静水圧 p は水深 z（変数）に比例し，深くなるほど大きくなるため，静水圧 p をベクトル線（図中の←）で表すと，図 5.2 のような三角形の形をした分布になる。式 (5.1) をよく見ると，全静水圧 P は図 5.2 の三角分布の面積（底辺 ρgh×高さ h×1/2）に等しいことがわかる。すなわち全静水圧は図形的に，力の釣合いを考えることで求められる。

板の各水深にかかる静水圧 p をベクトル表記したものを**分布荷重 $\boldsymbol{p}$** と呼び，板全体にかかる全静水圧 P を代表してベクトル 1 本で表したものを**集中荷重 $\boldsymbol{P}$** と呼ぶ。構造物の部材設計のために応力計算を行う場合は＿＿＿＿荷重が必要になるが，構造物の安定計算を行う場合は＿＿＿＿荷重と作用位置が必要になる。

5-2. 図心と重心

前節で，静水圧は構造力学と同様，図形的に計算を進めることができることを学んだ。ここではその前準備として，図形の中心点の復習をしておこう。**重心**という言葉を聞いたことがあるだろう。重心とは物体に働く重力を，ただ一つの力で代表させるとき，その力が作用する点のことを指す。

水理学では，平面図形の＿＿＿＿＿＿＿＿の中心として＿＿＿＿＿＿＿＿という言葉を使う。密度が均一な平板では，図心と重心の位置は一致する。**図心の位置**は記号 **G** で表し，図心 G までの距離を h_G で表す（**図 5.3**）。

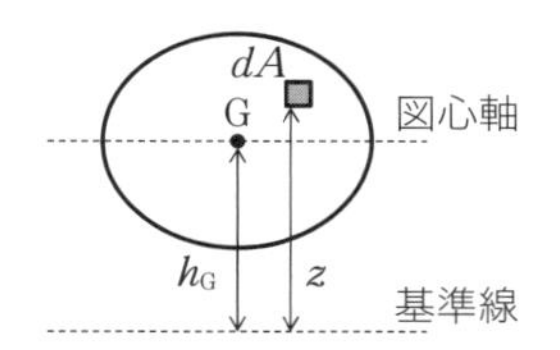

図 5.3　図心と断面一次モーメント

また図心までの距離 h_G は，ある基準線からの距離 z とその微小領域 dA の積分で表される。この h_GA を断面一次モーメントと呼ぶ（次節で詳細を解説）。

$$\int_A z\,dA=h_GA \tag{5.2}$$

表 5.1 に代表的な図形の図心までの距離 h_G を示す。

表 5.1　各図形における図心

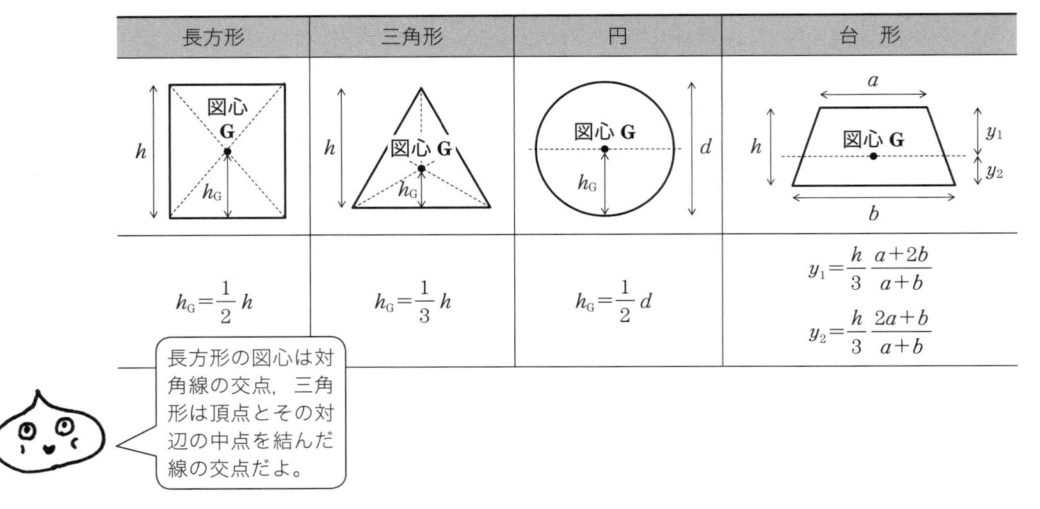

長方形	三角形	円	台　形
$h_G=\dfrac{1}{2}h$	$h_G=\dfrac{1}{3}h$	$h_G=\dfrac{1}{2}d$	$y_1=\dfrac{h}{3}\dfrac{a+2b}{a+b}$ $y_2=\dfrac{h}{3}\dfrac{2a+b}{a+b}$

5-3.　板に働く全静水圧 P

水中に沈んだ板に働く静水圧 p と全静水圧 P について，もう少し考えていこう。**図 5.4** のように幅 b の板が水中に沈んでいるとき，任意の深さ z における静水圧 p は

$$p = \boxed{}$$

となる。平板全体に働く全静水圧 P は，この微小領域に働く力 dP を積分すればよく

$$P = \int dP = \int_A \rho g z\, dA = \rho g \int_A z\, dA$$

となる。ここで，この面積分 $\int_A z\, dA$ を**断面一次モーメント**と呼び，これは平板の図心までの深さ h_G と平板の面積 A の掛け算で表すことができた。

$$\text{断面一次モーメント：}\quad \int_A z\, dA = \boxed{} \qquad (5.2)$$

したがって，平板全体に働く全静水圧 P は，次式で求められる。

$$P = \boxed{} \qquad (5.3)$$

これを言葉で書くと

全静水圧 ＝ 平板の $\boxed{}$ × 平板の $\boxed{}$　(5.4)

となる。

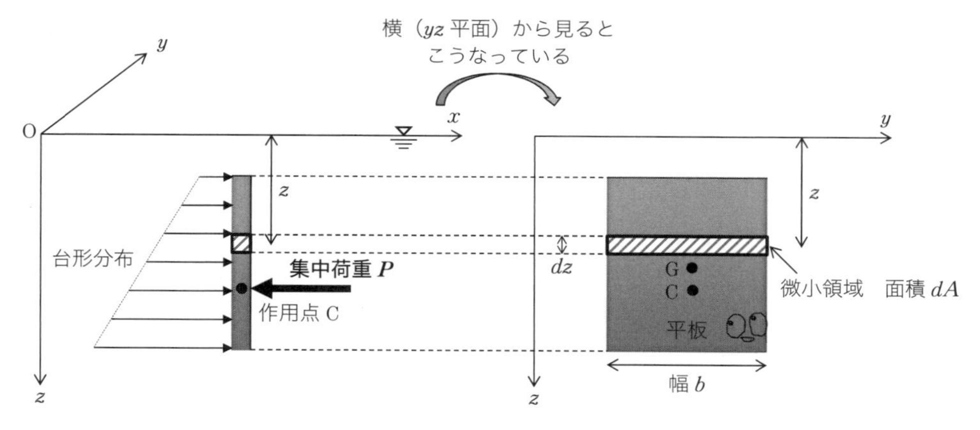

図 5.4　平板に働く静水圧と全静水圧

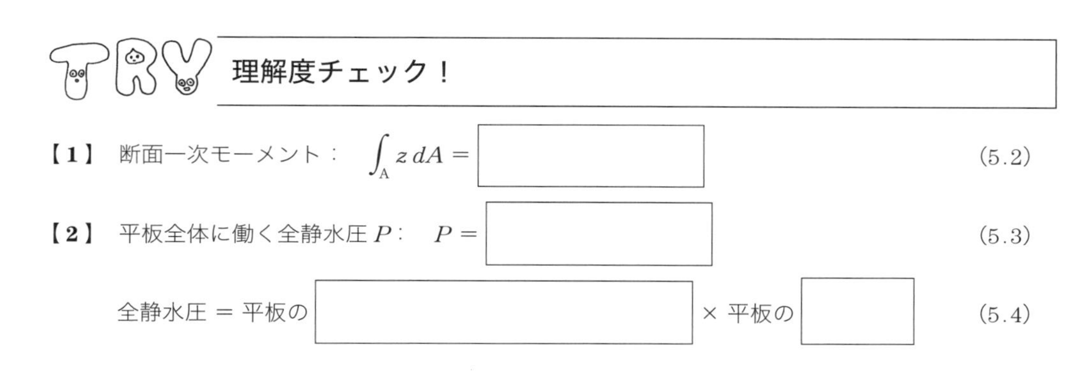

TRY 理解度チェック！

【1】 断面一次モーメント：　$\int_A z\,dA =$ ［　　　　］　(5.2)

【2】 平板全体に働く全静水圧 P：　$P =$ ［　　　　］　(5.3)

全静水圧 ＝ 平板の［　　　　］× 平板の［　　　　］　(5.4)

TRY 練　習　問　題

【例題】　問図 5.1 のように，奥行 40 cm の平板が水面から h=30 cm の深さに水面に平行に置かれている場合，平板に作用する静水圧 p と全静水圧 P を求めよ。(重力単位系)

☺ **解答** ☺

$$p = \rho g h = 1.0\ \mathrm{gf/cm^3} \times 30 = 30\ \mathrm{gf/cm^2}$$

$$P = \rho g h A = 30\ \mathrm{gf/cm^2} \times 40 \times 50$$

$$= 60\,000\ \mathrm{gf} = 60\ \mathrm{kgf}$$ ☺

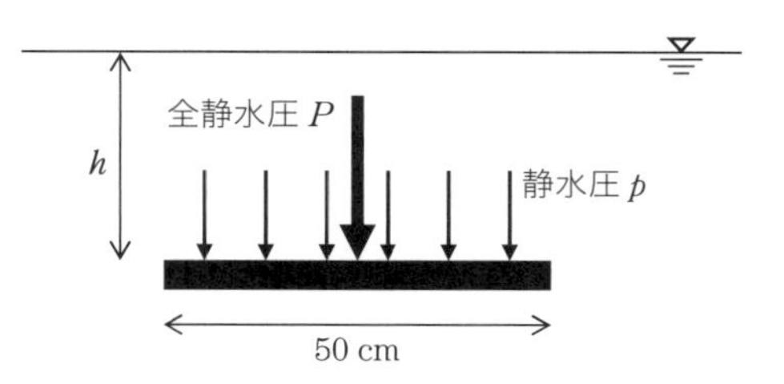

問図 5.1　平板に働く静水圧 p と全静水圧 P

【問1】 **問図5.2** の平板に働く全静水圧 P を重力単位系（解答欄 ①）および SI（解答欄 ②）で求めよ。

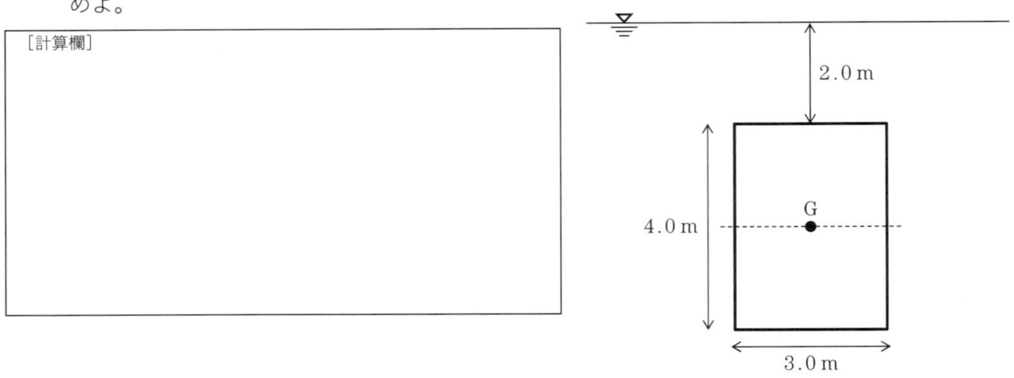

問図5.2　平板に働く全静水圧

【問2】 **問図5.3** のような高さ 1.00 m，奥行 0.50 m の取水口の制水扉があるとき，この扉に作用する全静水圧 P を重力単位系で求めよ。（解答欄 ③）

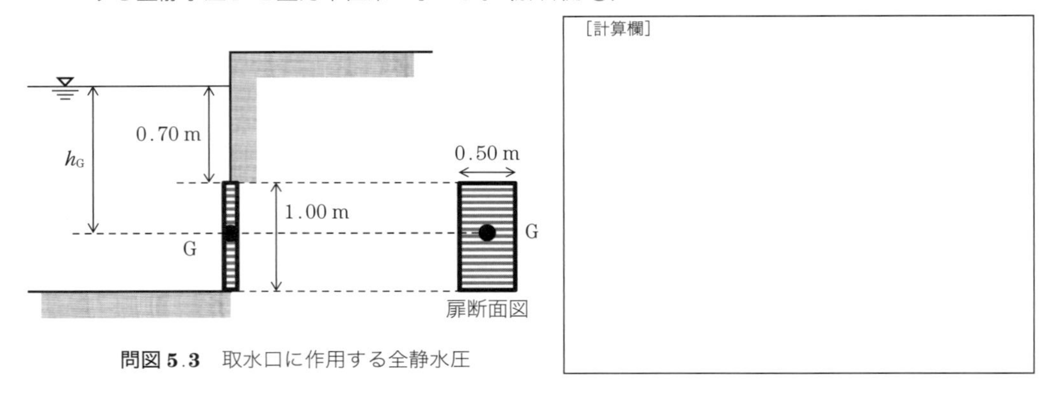

問図5.3　取水口に作用する全静水圧

	①	②	③
解答			
（単位）			

Lesson 6　作用点と断面二次モーメント（静水圧③）

☺ 静水圧は図形的に考える ☺

6-1．静水圧 p と全静水圧 P

Lesson 5 で鉛直平板に働く静水圧 p，全静水圧 P について学んだ。もう一度復習しておくと，**図 6.1** のような水中の鉛直平板に働く全静水圧 P は，平板の図心までの深さを h_G とすると下式で表せた。

$$P = \boxed{} \tag{5.3}$$

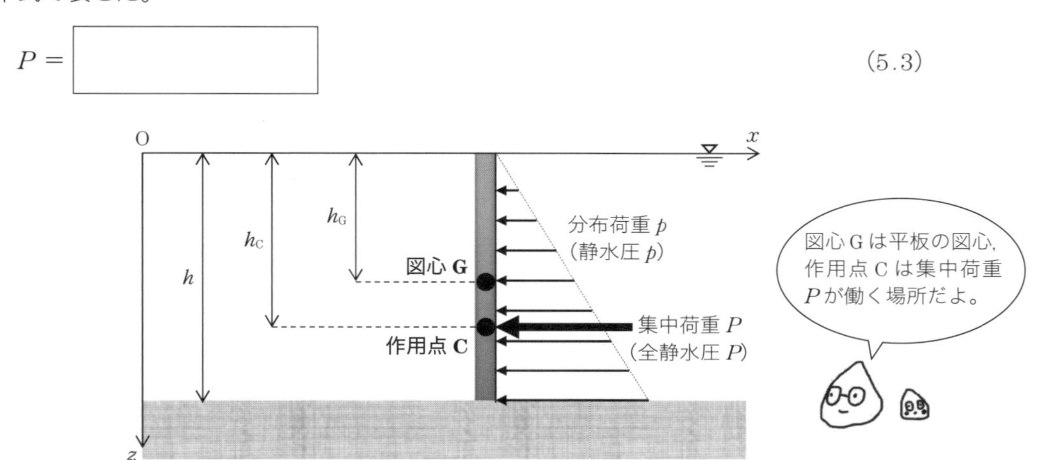

図 6.1　分布荷重 p と集中荷重 P

もう少し復習してみよう。静水圧は水深によって変化し，深ければ深いほど大きくなった。そのため図のような平板では，静水圧 p（＿＿＿＿＿＿＿＿）を図示すると三角分布となった。この各水深における圧力を，板全体で足し合わせて 1 点で代表させたものが＿＿＿＿＿＿＿＿だった。今日はこの集中荷重 P が働く場所（作用点 C）について詳しく学ぶ。

6-2．作用点 C と断面二次モーメント

静水圧は図形的に力の釣合いで計算することができた。図 6.1 に示すように，作用点 C は分布荷重 p の三角分布の中心を指している。すなわち，図の作用点 C までの水深 h_C は，三角形の図心を計算すればよく

$$h_C = \boxed{}$$

となる。

もう少し数学的に表現すると，全静水圧 P の作用点 C までの深さ h_C は，力とその作用点までの距離の釣合い（**モーメント**）で考えることができる。

モーメントは物理や構造力学でも学んだことがあるかもしれないが，一般的に

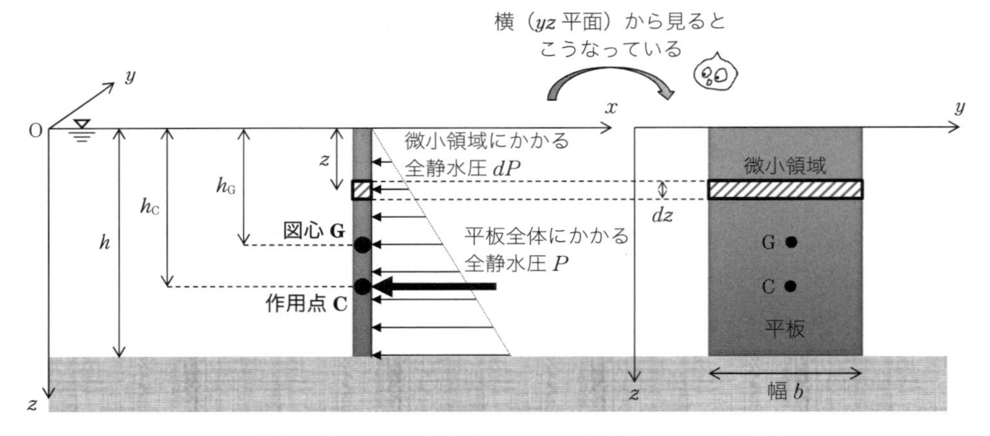

図 6.2　微小領域にかかる全静水圧 dP と平板全体にかかる全静水圧 P

モーメント＝負荷（力）×基準点（軸）から作用点までの距離

を意味する。**図 6.2** に示した，平板全体にかかる全静水圧 P と微小領域にかかる全静水圧 dP のモーメントを言葉で表してみると

平板全体にかかる全静水圧 P のモーメント	＝	微小領域にかかる全静水圧 dP のモーメントの総和

となり，これを数式で表してみると

$$Ph_C = \int z\,dP = \int_A z\,\rho g z\,dA = \rho g \int_A z^2\,dA \tag{6.1}$$

ここで，この面積分 $\int_A z^2\,dA$ を水平軸まわりの**断面二次モーメント**と呼び，I で表す。

水平軸まわりの断面二次モーメント：$I=$ □

I を用いると，式 (6.1) は

$Ph_C =$ □

となり，求めたい h_C は

$h_C =$ □　(6.2)

となる。

さらに今後の計算をシンプルにするため，水平軸まわりの断面二次モーメント I を，図心を通る軸まわりの断面二次モーメント I_0（次節で詳細を解説）を用いて表すと

$$I = \boxed{\qquad\qquad} + I_0$$

となり，これを式 (6.2) に代入すると，作用点 C までの距離 h_C は下式になる。

$$h_C = \frac{I}{h_G A} = \boxed{\qquad\qquad\qquad} \tag{6.3}$$

すなわち，h_C は図心までの距離 h_G と平板の面積 A，図心 G まわりの断面二次モーメント I_0 で表すことができるのだ。シンプル！

6-3．図心 G まわりの断面二次モーメント I_0

図心 G まわりの断面二次モーメント I_0 は，考える物体の形状によって異なる。代表的な図形の I_0 を**表 6.1** に紹介する。ぜひ覚えておこう！

表 6.1　代表的な図形の図心 G まわりの断面二次モーメント

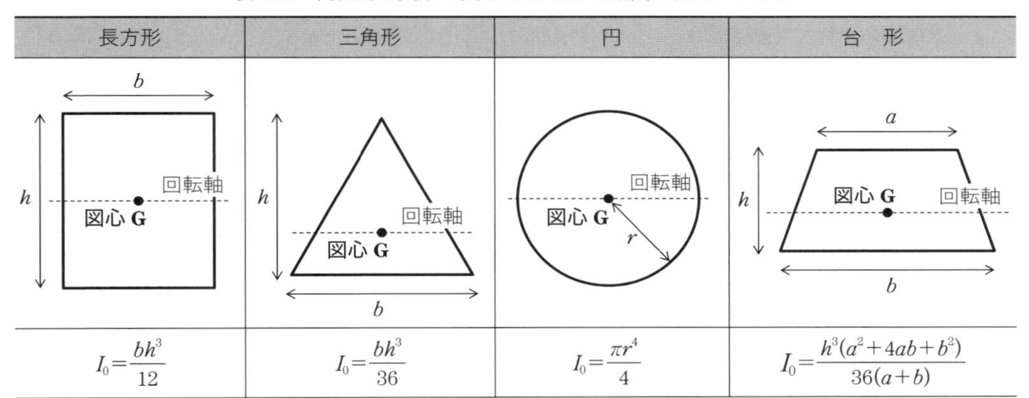

長方形	三角形	円	台　形
$I_0 = \frac{bh^3}{12}$	$I_0 = \frac{bh^3}{36}$	$I_0 = \frac{\pi r^4}{4}$	$I_0 = \frac{h^3(a^2+4ab+b^2)}{36(a+b)}$

ここで気を付けてほしいことが二つある。一つめは単位だ。断面二次モーメント I_0 は次元を計算してみると $[L^4]$ となり，距離の 4 乗（例えば m^4，cm^4 など）という変わった単位を持つ。二つめは，断面二次モーメントは回転軸（表 6.1，**図 6.3** 中の破線）に対する距離で計算する点だ。同じ図形でも図のように，考える回転軸が変わると，b と h の位置が変わり，I_0 は異なる値になる。

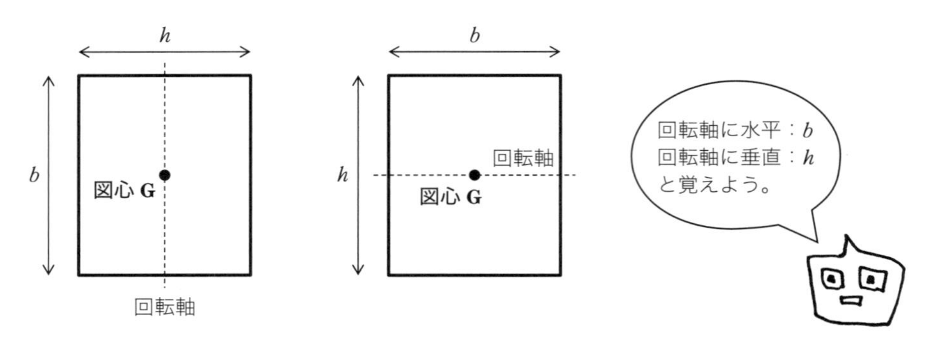

図 6.3　異なる回転軸における図心 G まわりの断面二次モーメント

TRY 理解度チェック！

【1】　平板全体に働く全静水圧 P：　$P =$ ［　　　　］　(5.3)

【2】　作用点 C までの距離 h_C：　$h_C =$ ［　　　　］　(6.3)

【3】　図心 G まわりの断面二次モーメント I_0：

（1）　長方形

$I_0 =$ ［　　］

（2）　三角形

$I_0 =$ ［　　］

（3）　円

$I_0 =$ ［　　］

（4）　台形

$I_0 =$ ［　　　　］

TRY　練 習 問 題

【問 1】 問図 **6.1** において，図心 G まわりの断面二次モーメント I_{0x}（回転軸 x 軸，解答欄①），および I_{0y}（回転軸 y 軸，解答欄②）を求めよ。

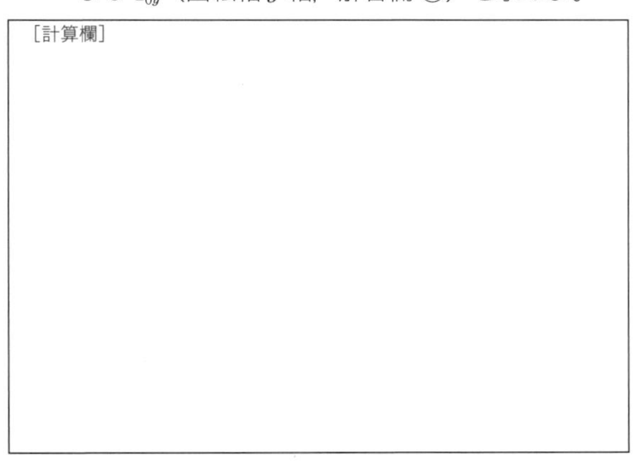

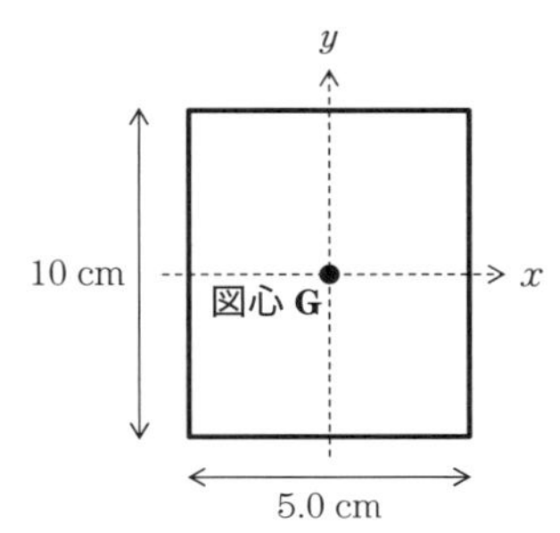

問図 **6.1**　回転軸の異なる断面二次モーメント

【問 2】 問図 **6.2** の平板に働く全静水圧 P（解答欄③）および作用点 h_C を求めよ。ただし，z_1＝2.0 m とする。（重力単位系）（解答欄④）

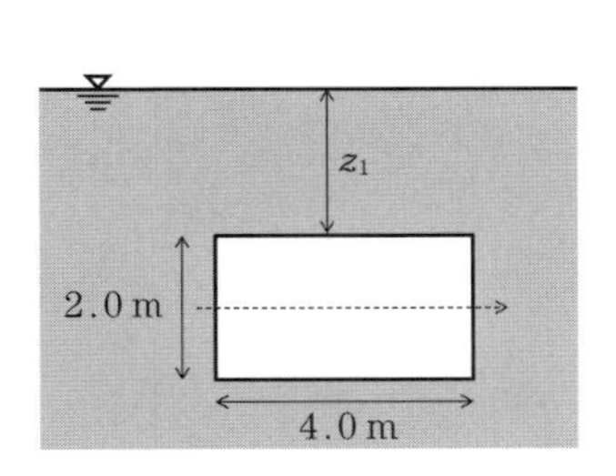

問図 **6.2**　平板に働く全静水圧

	①	②	③	④
解答				
（単位）				

Lesson 7　傾斜平面に働く静水圧（静水圧④）

☺ 斜めになっただけ＝三角関数を使うだけ ☺

傾斜平面に働く全静水圧 *P* と作用点の位置 h_C

Lesson 5，6 で鉛直平面に働く全静水圧 P とその作用点の位置 h_C について学んだ。復習しておくと

平板全体に働く全静水圧 P：　$P =$ ［　　　　］　(5.3)

作用点 C までの距離 h_C：　$h_C =$ ［　　　　］　(6.3)

今日は水面に対して傾いた状態で沈んでいる平板について学ぼう。**図 7.1** に示すような河岸に設けた取水口にかかる全静水圧 P を考えてみよう。面が傾斜していても静水圧は平板に垂直に，水深に比例した力が働くため，原則的には Lesson 6 までと同様に計算を進めていけばよい。違う点はこれまでの xyz 軸に加え，傾斜した軸（s 軸）が加わっていることである。傾斜した s 軸と水面となす角度を θ とすると，z 軸と s 軸の関係は三角関数を用いて

$z =$ ［　　　　］　(7.1)

と表せる。また，板の取水口の図心 G までの水深 h_G と，同じく s 軸に沿った図心 G までの斜距離 s_G の関係式も同様に

$h_G =$ ［　　　　］　(7.2)

と表せる。

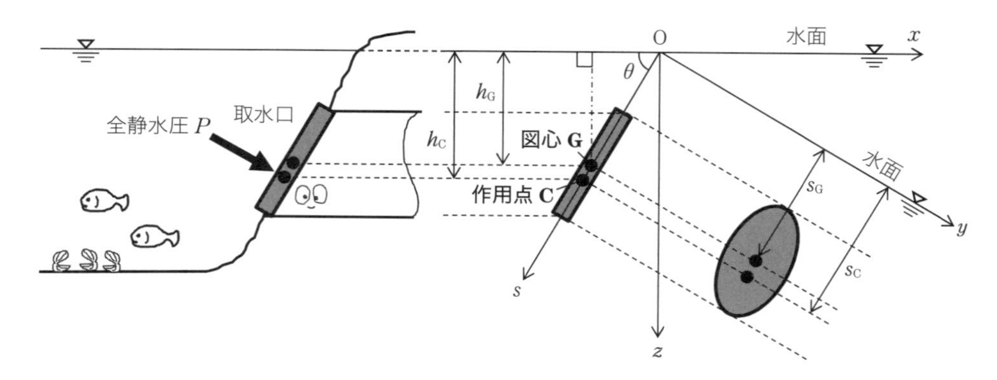

図 7.1　傾斜平板に働く全静水圧 P と図心 G までの斜距離 s_G，作用点 C までの斜距離 s_C

したがって，取水口に働く全静水圧 P は，式 (5.3)，(7.2) を用いて

$$P = \boxed{} \tag{7.3}$$

となる。ここで，断面積 A は，**図 7.2** に示すように，全静水圧 P に対して垂直な断面の面積である。

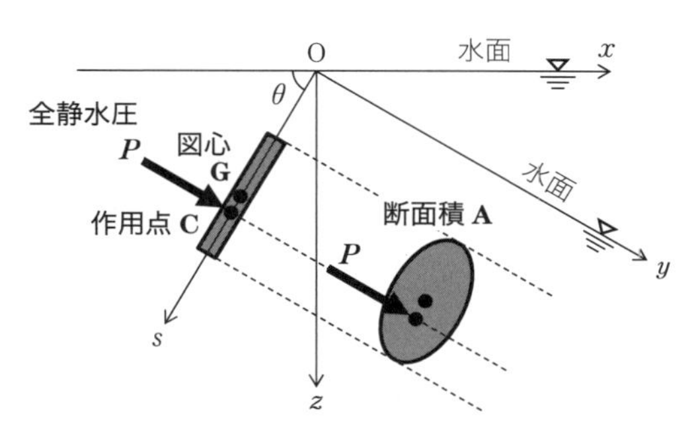

図 7.2　全静水圧 P と断面積 A

作用点 C の s 軸に沿った斜距離 s_C は，前回と同様にモーメントの釣合いを考えればよく，結果的に下式で表せる。

$$s_C = \boxed{} \tag{7.4}$$

作用点 C までの水深 h_C は三角関数を使ってシンプルに

$$h_C = \boxed{} \tag{7.5}$$

で求めれば OK！

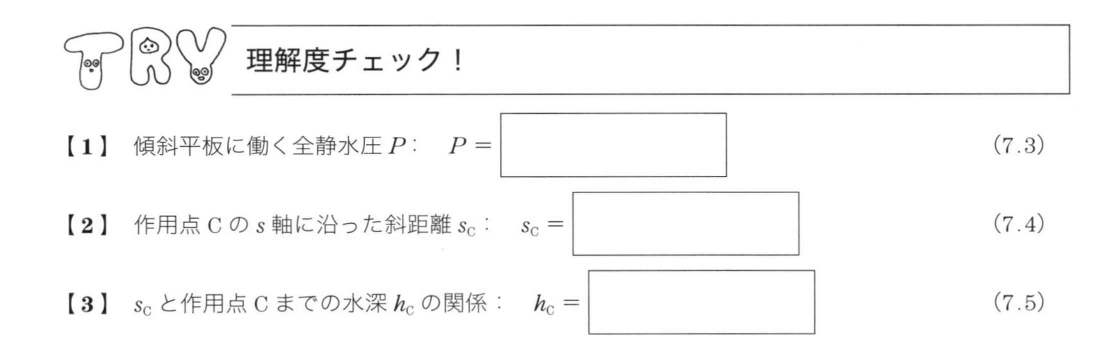

理解度チェック！

【1】 傾斜平板に働く全静水圧 P：　$P = \boxed{}$　(7.3)

【2】 作用点 C の s 軸に沿った斜距離 s_C：　$s_C = \boxed{}$　(7.4)

【3】 s_C と作用点 C までの水深 h_C の関係：　$h_C = \boxed{}$　(7.5)

TRY 練 習 問 題

【例題】 問図 **7.1** に示す門扉(もんぴ)に働く全静水圧 P および作用点 C までの水深 h_C を求めよ。ただし，$s_G = 5.00$ m，$\theta = 60°$ とし，重力単位系で答えよ。

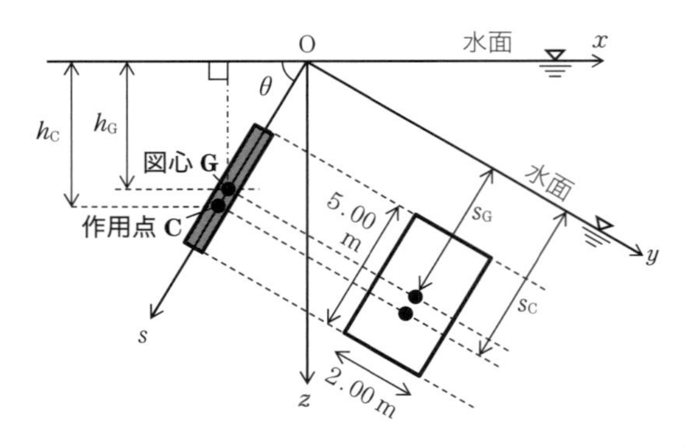

問図 **7.1** 傾斜した門扉に働く全静水圧

☺解答☺

$$h_G = s_G \sin\theta = 5.00 \times \sin 60° = 4.330$$
$$= 4.33 \text{ m}$$

$$P = \rho g h_G A = 1 \text{ tf/m}^3 \times 4.330 \text{ m} \times 5.00 \text{ m} \times 2.00 \text{ m}$$
$$= 43.00 \text{ tf} = 4.33 \times 10 \text{ tf}$$

$$s_C = s_G + \frac{I_0}{s_G A} = 5.00 + \frac{\dfrac{2.00 \times 5.00^3}{12}}{5.00 \times 10.00}$$
$$= 5.00 + 0.416\,7 = 5.416\,7$$
$$= 5.42 \text{ m}$$

$$h_C = s_C \sin\theta = 5.416\,7 \times \sin 60° = 4.691$$
$$= 4.69 \text{ m}$$

☺

【問】 **問図 7.2** に示す直径 $d = 4.00\,\mathrm{m}$ の円形取水口について，つぎの設問に答えよ。ただし $\theta = 30°$ とし，単位は SI で答えよ。

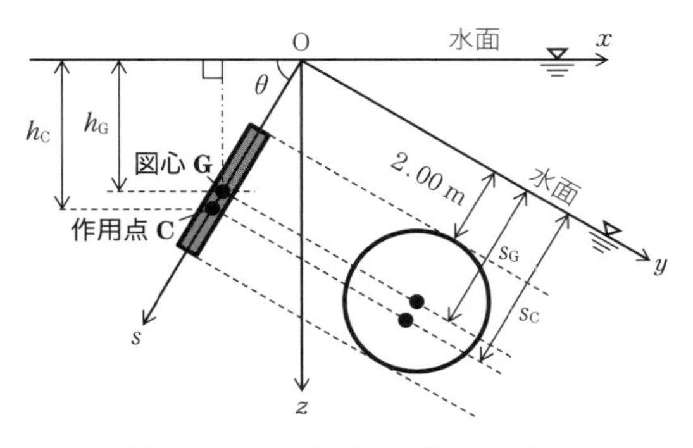

問図 7.2　傾斜取水口に働く全静水圧

（**1**）　取水口の図心 G の水深 h_G を求めよ。（解答欄 ①）

［計算欄］

（**2**）　取水口に働く全静水圧 P を求めよ。（解答欄 ②）

［計算欄］

（**3**）　作用点 C までの水深 h_C を求めよ。（解答欄 ③）

［計算欄］

分数は一気に電卓で計算するのではなく，まずは約分して計算ミスをなくすこと！

	①	②	③
解答			
（単位）			

Lesson 8　曲面に働く静水圧（静水圧⑤）

☺ 曲面は水平・鉛直方向に分けて考える ☺

ラジアルゲート

これまで，Lesson 6 では平面に働く全静水圧，Lesson 7 では傾斜平面に働く全静水圧について学んできた（**図 8.1**）。Lesson 8 では平面ではなく，湾曲した面（曲面）に働く全静水圧 P を考えてみよう。

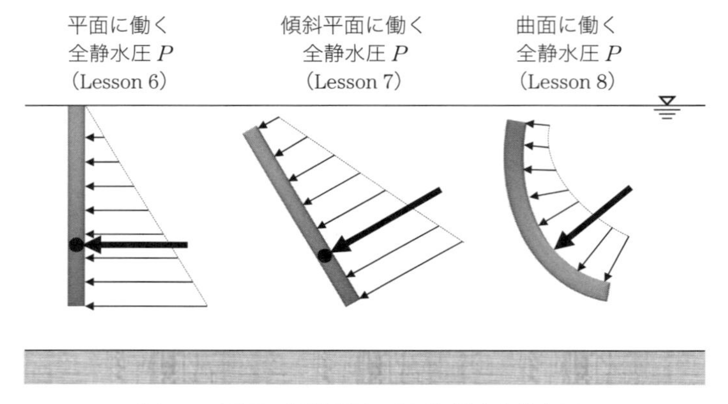

図 8.1　平面，傾斜平面，曲面に働く全静水圧 P

河川に設けられた堰（せき）の水門や，ダムの放流口など，水の出し入れを行う扉（扉体（ひたい），ゲート）に，曲面を採用した水路は数多くある。**図 8.2** のようにゲートが円弧状（ラジアル）のものを**ラジアルゲート**と呼ぶ。ヒンジ（扉の蝶番（ちょうつがい）のようなもの）を支点に湾曲した扉（ゲート）を上下に回転させることで，水の出し入れ（水位調整など）を行う。考案者（Jeremiah B. Tainter 氏（1836-1920））の名をとってテンターゲートと呼ぶこともある。

静水圧は面に垂直に，水深に比例して働く。曲面になっても同様に，曲面に対して垂直に静水圧は働くため，全静水圧 P をベクトル表示すると，**図 8.3** のように水平 x 軸から角度 α 傾くことになる。進め方はこれまでと同じで，図心までの水深 h_G と平板（今回は曲面ゲー

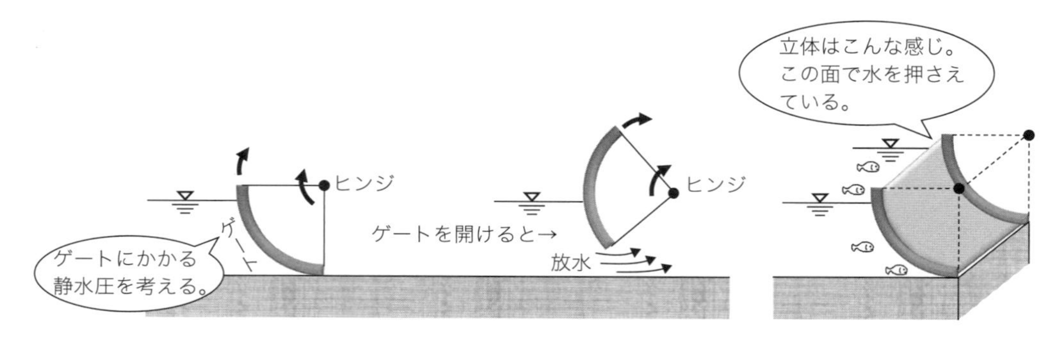

図 8.2　ラジアルゲートの断面イメージ図

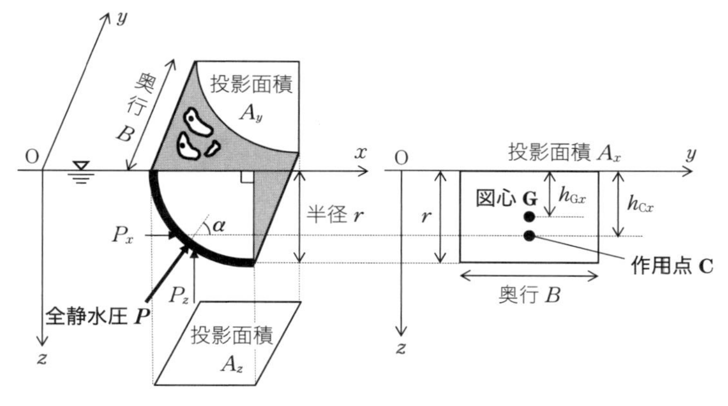

図 8.3　曲面にかかる全静水圧 P と投影面積 A_x

ト）の面積を考えていけばよいのだが，何せ曲面なので計算が煩雑になる。そこで，曲面も図形的に水平方向（x 軸）にかかる全静水圧 P_x と，鉛直方向（z 軸）にかかる全静水圧 P_z に分けて考えていこう。

図 8.3 に示すように，x 軸（真横）からゲートを眺めたときに見える図形 r↕▭B（横幅が奥行 B，縦幅が半径 r の四角形）を x 軸方向の投影図形と呼び，その面積を x 軸投影面積 A_x と呼ぶ。任意の水深 z における微小領域にかかる全静水圧（の水平成分）dP_x は，これまでと同様，水深 z にかかる静水圧 $p=\rho gz$ に面積 dA_x をかければよく

$$dP_x = \boxed{}$$

となる。曲面全体にかかる全静水圧の水平方向成分 P_x は，dP_x を積分すればよく，次式となる。

すなわち，<u>投影面積 A_x</u> と，その<u>投影図形の図心までの水深 h_{Gx}</u> を求めれば，曲面に働く全静水圧（の水平成分 P_x）は計算できるのだ。シンプル！

ここで注意してほしいのが，h_{Gx} の考え方である。h_{Gx} はゲートの投影面積 A_x の図心までの水深であるので，例えば**図 8.4**（a）のように水面がゲートの上端にある場合は $h_{Gx}=\dfrac{r}{2}$ で求められるが，図（b）のようにゲートの上に壁などがある場合は，$h_{Gx}=h_1+\dfrac{r}{2}$ となる。状況に合わせてゲートと水面の位置を確認し，正しく投影面積を描くことが重要である。

また P_x の作用点 h_{Cx} は，式 (6.3) と同様に考えて

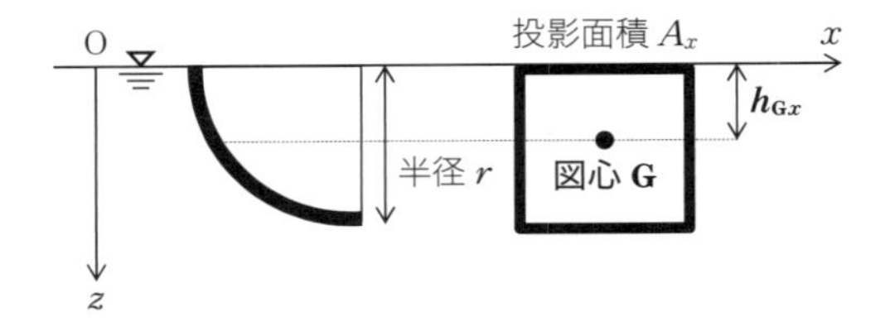

（a）　水面がゲートの上端にある場合

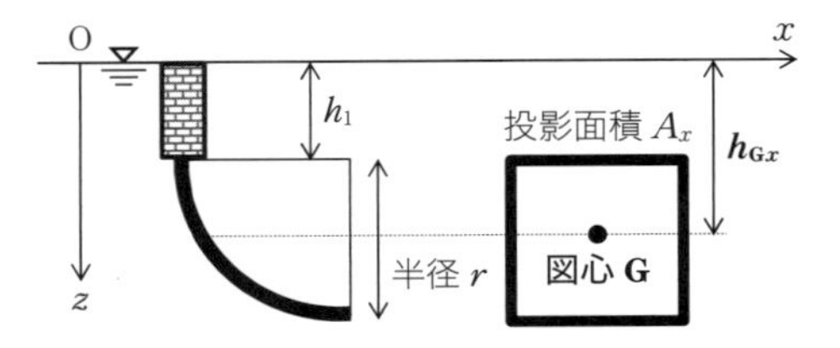

（b）　ゲートの上に壁などがある場合

図 8.4　ラジアルゲートと投影図形の図心までの水深 h_{Gx}

$$h_{Cx} = \boxed{} \tag{8.2}$$

となり，I_{0x} は投影面積 A_x についての図心まわりの断面二次モーメントである。

つぎに鉛直成分 P_z だが，まず思い出してほしいのが，静水圧とは水の重量からくる力だったということだ。すなわち，鉛直方向に働く静水圧＝曲面の上に乗っかっている水の重さ，ということになる。よって曲面に働く全静水圧 P の鉛直成分 P_z は，曲面から水面までの体積（水を排除している体積）を V としたとき

$$P_z = \boxed{} \tag{8.3}$$

と表せる。シンプルイズザベスト！

また，P_z の作用点の位置は，原点 O から P_z の作用線までの距離（**図 8.5** では距離 a）で表す。計算は原点 O を中心とした，P_x と P_z の**モーメントの釣合い**で考える。モーメントは力×起点からの距離で表せた（Lesson 6）。今起点に点 O を取ると，モーメントの釣合い式は

P_x×（点 O からの距離（図では h_{Cx}））
　＝P_z×（点 O からの距離（図では a））

となり，点 O からの距離は P_x，P_z の作用線と，原点 O 間の距離で表せる。この式を解くことにより，作用点の位置 a を求める（練習問題でチャレンジしてみよう）。

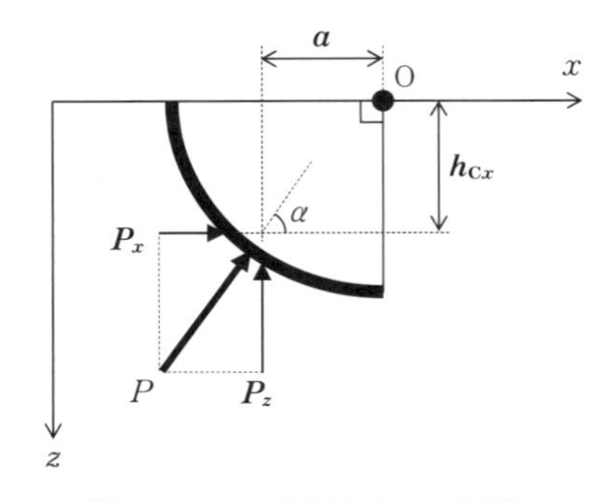

図 8.5　P_z の作用点までの距離 a

最後に，集中荷重＝全静水圧 P は P_x と P_z を使って，次式で表す。

$$P = \boxed{} \tag{8.4}$$

理解度チェック！

【1】 曲面にかかる全静水圧の水平方向成分 P_x：

$$P_x = \boxed{} \tag{8.1}$$

【2】 P_x の作用点 h_{Cx}：

$$h_{Cx} = \boxed{} \tag{8.2}$$

【3】曲面に働く全静水圧 P の鉛直成分 P_z：

$$P_z = \boxed{} \tag{8.3}$$

【4】 曲面に働く全静水圧 P：

$$P = \boxed{} \tag{8.4}$$

練　習　問　題

【例題】 問図 8.1 に示すラジアルゲート（奥行 3.0 m）に働く全静水圧 P および作用点 C までの水深 h_C を求めよ。ただし半径 $r = 2.0$ m とし，単位は SI で答えよ。

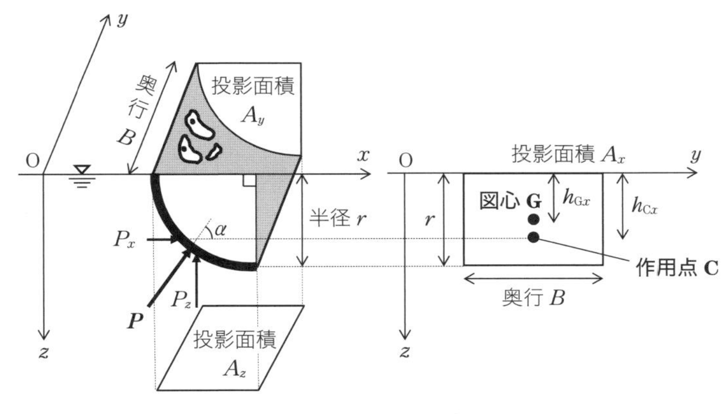

問図 8.1　ラジアルゲート

☺解答☺

投影面積 A_x を描いてみよう。 奥行 3.0 m　半径 2.0 m　図心 G

$$h_{Gx} = \frac{2.0}{2} = 1.0\ \mathrm{m}$$

$$P_x = \rho g h_{Gx} A_x = 1\,000\ \mathrm{kg/m^3} \times 9.8\ \mathrm{m/s^2} \times 1.0\ \mathrm{m} \times 2.0\ \mathrm{m} \times 3.0\ \mathrm{m}$$
$$= 58.8\ \mathrm{kN} = 5.9 \times 10\ \mathrm{kN}$$

$$P_z = \rho g V = \rho g \times \frac{1}{4}(\pi\, 2.0^2\ \mathrm{m^2} \times 3.0\ \mathrm{m}) = 1\,000 \times 9.8 \times 9.425 = 92.36\ \mathrm{kN} = 9.2 \times 10\ \mathrm{kN}$$

排水体積 V は円柱の 1/4 だよ。

$$P=\sqrt{P_x^2+P_z^2}=\sqrt{58.8^2+92.4^2}=109.5\,\text{kN}=1.1\times10^2\,\text{kN}$$

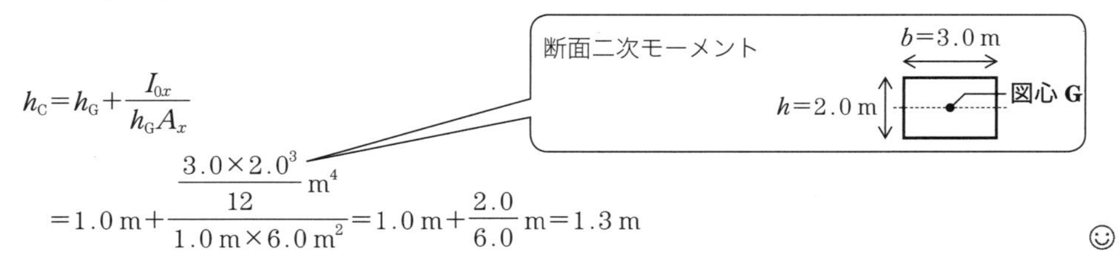

$$h_C=h_G+\frac{I_{0x}}{h_G A_x}$$

$$=1.0\,\text{m}+\frac{\dfrac{3.0\times2.0^3}{12}\,\text{m}^4}{1.0\,\text{m}\times6.0\,\text{m}^2}=1.0\,\text{m}+\frac{2.0}{6.0}\,\text{m}=1.3\,\text{m}$$

☺

【問】 **問図 8.2** に示すラジアルゲート（奥行 5.00 m）に働く下記の値を求めよ。ただし半径 $r=3.00$ m とし，重力単位系で答えよ。

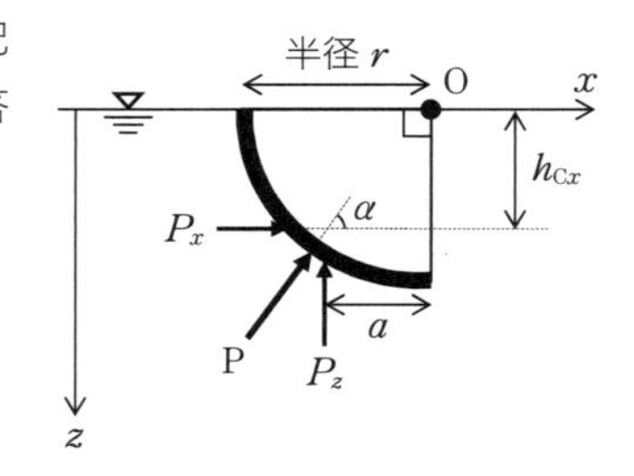

問図 8.2　ラジアルゲート

（**1**）　投影面積 A_x を図で描き，面積を求めよ。（解答欄 ①）

［計算欄］

（**2**）　A_x の図心までの深さ h_G（解答欄 ②）

［計算欄］

（**3**）　全静水圧の水平成分 P_x（解答欄 ③）

［計算欄］

(4)　ゲートを底とする水柱の体積 V（解答欄④）

［計算欄］

3.00 m

5.00 m

(5)　全静水圧の鉛直成分 P_z（解答欄⑤）

［計算欄］

(6)　全静水圧 P（解答欄⑥）

［計算欄］

(7)　P_x の作用点の深さ h_{Cx}（解答欄⑦）

［計算欄］

	①	②	③	④	⑤	⑥	⑦
解答							
(単位)							

(8) 点Oから P_z の作用線までの距離 a（解答欄 ⑧）

［計算欄］

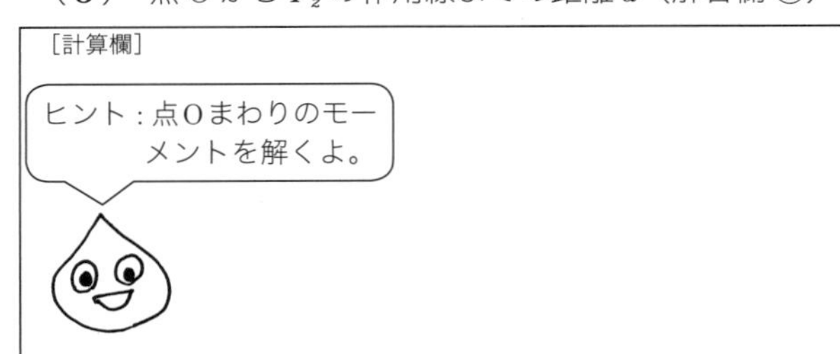

(9) P の作用線と水平線のなす角度 α（解答欄 ⑨）

［計算欄］

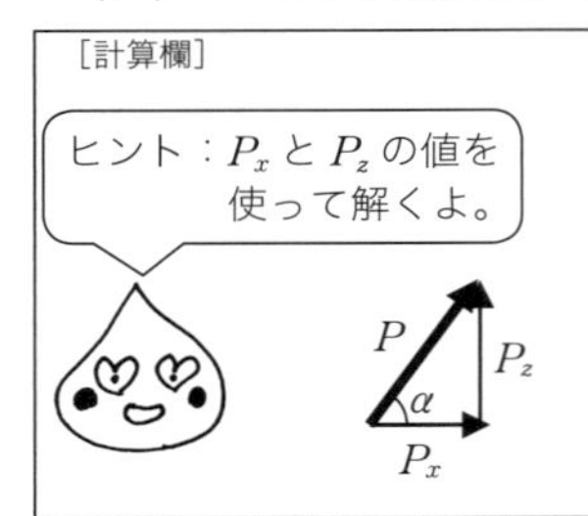

	⑧	⑨
解答		
（単位）		

Lesson 9　浮　　　　力

☺ 浮力は水中の体積に比例する ☺

9-1．アルキメデスの原理

プールや海に入ったとき，体が浮く体験があるだろう。物体が浮く現象は水の重量が関係している。これまでの静水圧の知識を活かして考えてみよう。

任意の形状（**図 9.1** では球状）の物体が水中にある場合を考える。静水圧はあらゆる方向から，面に垂直に作用する。そのため__________方向の力は打ち消し合い，__________方向だけの静水圧が作用することになる。鉛直方向の静水圧は水深の違いにより，場所によってかかる力が異なる。図 9.1 を使ってもう少し詳しく考えてみよう。

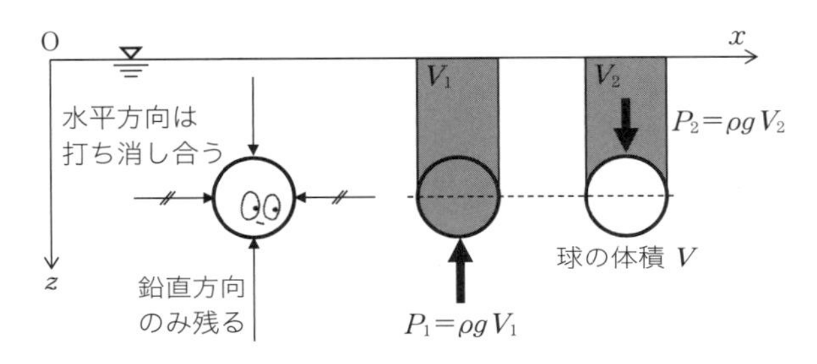

図 9.1　物体にかかる静水圧と浮力の考え方

図のように水中の球体に働く力の釣合いを考えよう。球体の下半分が受ける静水圧 P_1（体積 V_1（　）分の静水圧）が上向きに，物体の上半分の面が受ける静水圧 P_2（体積 V_2（　）分の静水圧）が下向きに働く。つまり，球体にかかる鉛直方向の力の釣合いは

鉛直方向の差 ＝ $P_1 - P_2$

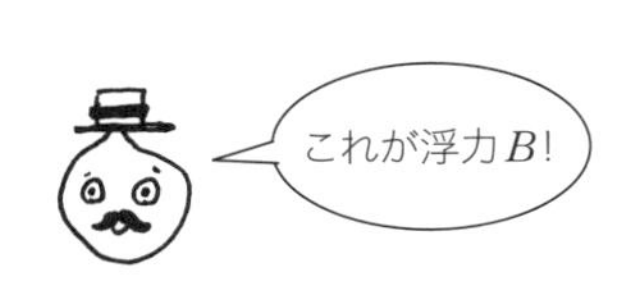

つまり__________の違いによる鉛直方向の水圧の差が浮力（ふりょく） B となる。紀元前のギリシアの数学者・技術者であったアルキメデスが発見した原理（**アルキメデスの原理**）は，「水中にある物体は，それが排除した体積（**排水体積** V_E）の水の重量に等しい浮力を受ける」であり，数式で表すと下式になる。

アルキメデスの原理：　$B =$ [　　　　　　]　　(9.1)

ここで，V_E は__________（水面以下の物体の体積）である。

9-2．浮心と吃水

浮力の作用点を**浮心**（ふしん）Cと呼び，水面から水中の最深部までの深さを**吃水**（きっすい）と呼ぶ。浮力の計算では，力の釣合いを考えることが重要だ。

図9.2，**図9.3**のような四角柱が水に浮いているとする。この**浮体**（ふたい）（浮いている物体）にかかる力の釣合いを考えると，鉛直下方向に柱の＿＿＿＿＿＿＿＿が，鉛直上方向に＿＿＿＿＿＿＿＿が働く。重量 W は物体の重心Gを作用点として働き，浮力 B は水中に沈んでいる体積の中心を作用点（浮心C）として働く。

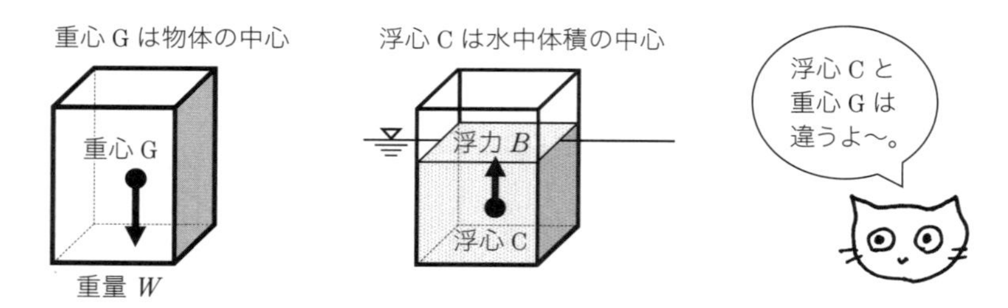

図9.2　重心Gと浮心Cの違い

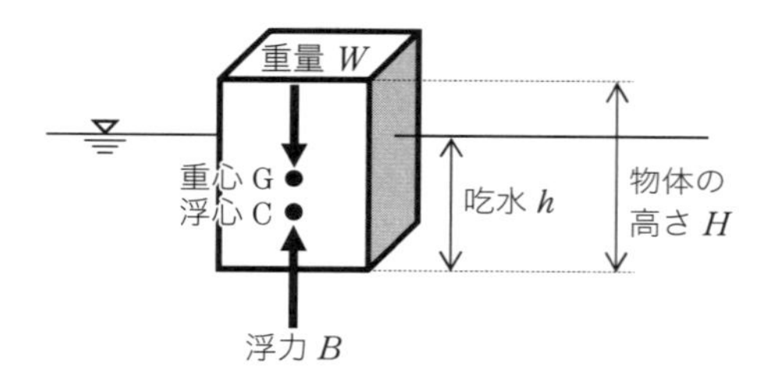

図9.3　浮力と重量の釣合い

四角柱に働く力の釣合いは

柱の重量 $W=$ 浮力 B

と表せ，A を柱の底面積，ρ を水の密度，ρ' を柱の密度とすると次式で表せる。

$$\rho' gAH = \boxed{} \tag{9.2}$$

式(9.2)を吃水 h について解くと

$$h = \boxed{} \tag{9.3}$$

となる。

理解度チェック！

【1】 アルキメデスの原理：　$B=$ ＿＿＿＿　(9.1)

【2】 吃水 h：　$h=$ ＿＿＿＿　(9.3)

練　習　問　題

【例題】 底面積 10 cm², 高さ 8.0 cm の木材で作られた円柱を**問図 9.1** のように水に鉛直に浮かべるときの吃水を求めよ。木材の比重を 0.75 とする。(重力単位系)

☺解答☺

木材の重量 W は

$$W=\rho' gV=0.75\times10\times8.0=60\ \mathrm{gf}$$

浮力 B を吃水 h として表すと

$$B=\rho g V_{\mathrm{E}}=1.0\times10\times h$$

重量 $W=$ 浮力 B より，吃水 h は

$$h=8.0\times0.75=6.0\ \mathrm{cm}$$

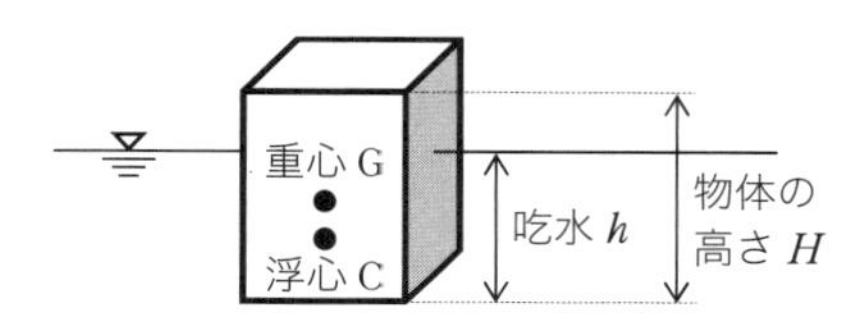

問図 9.1　木材の吃水

☺

【問】 港に重量 135 t の浮桟橋（ポンツーン）が**問図 9.2** のように浮かんでいる。海水の比重を 1.03 としてつぎの設問に答えよ。(重力単位系)

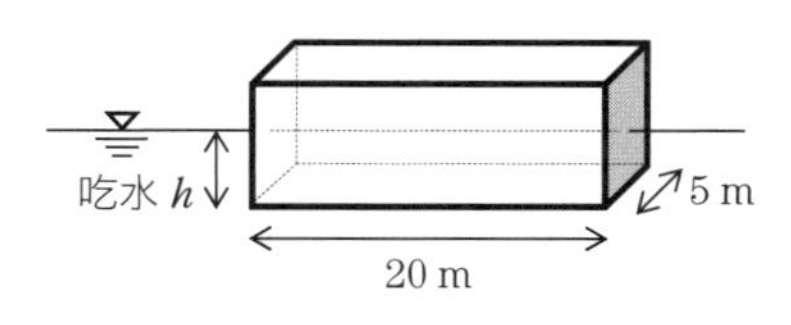

問図 9.2　ポンツーン

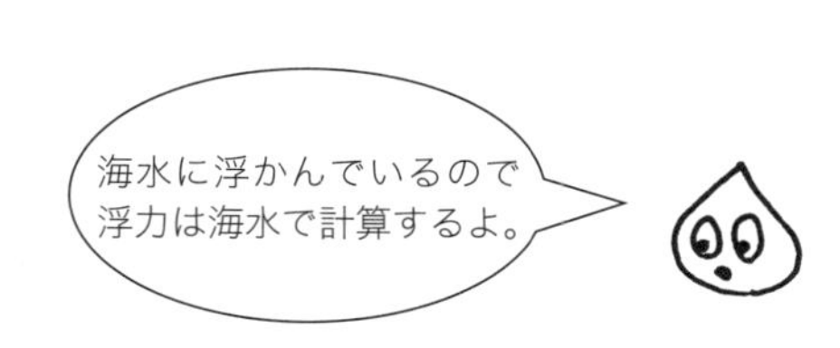

(1) 吃水 h を求めよ。(解答欄 ①)

［計算欄］

（**2**） 吃水を 1.50 m にするにはいくらの荷重を載せればよいか。（解答欄 ②）

［計算欄］

	①	②
解答		
（単位）		

Lesson 10　浮体の安定

☺ 安定して浮き続けるためには傾心が重要 ☺

10-1．ケーソンとは

防波堤などに用いられる鉄筋コンクリート造の箱（**図 10.1**）をケーソンと呼ぶ。例えば，明石海峡大橋の海中基礎工事（主塔基礎）にも，高さ 65 m，直径 80 m もの巨大な円柱型ケーソンが用いられている。ケーソンは陸上で作製し，中が空洞のまま浮力を利用して設置現場へ引船で曳航(えいこう)し，現場で砕石やコンクリートを詰めて建造する。今日の Lesson ではこのケーソンを安定して曳航する（傾いても沈まない）ための条件を考えていこう。

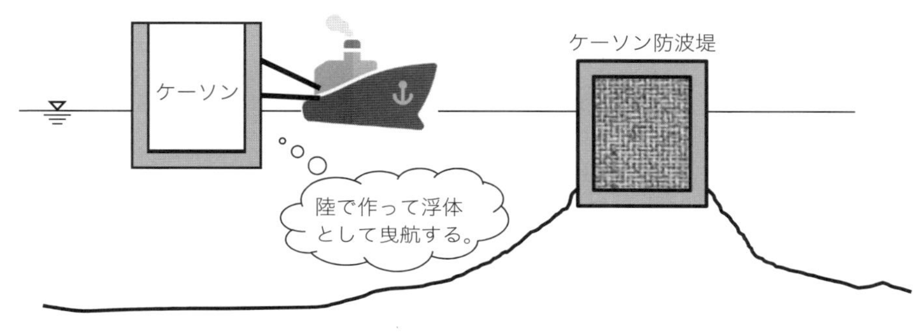

図 10.1　ケーソンの設置

10-2．浮体の安定

Lesson 9 で浮力の基礎について学んだ。**図 10.2**（a）のように浮体が釣合いの状態にあるときは，________________と______________の大きさが等しく向きが逆であり，重心 G と浮力の作用点______________が同一直線上にある。もし図（b）のように浮体が傾くと，水面下に沈んでいる形状が変わり，重心 G は変わらないものの，浮力の作用点 C は，傾く前の浮心 C から傾いた後の**浮心 C′** へと移動する。そのため，重量 W と浮力 B は同一鉛直線上からはずれ，偶力(ぐうりょく)（平行で逆向きの同じ大きさを持つ一対の力）が働く。この偶力が浮体の傾きを戻す方向に働くとき，その力を______________と呼び，この場合浮体は____________している。一方，偶力が浮体をさらに傾ける方向に働くときは，浮体は________________状態であり，沈んでしまう。次節でより詳しく考えてみよう。

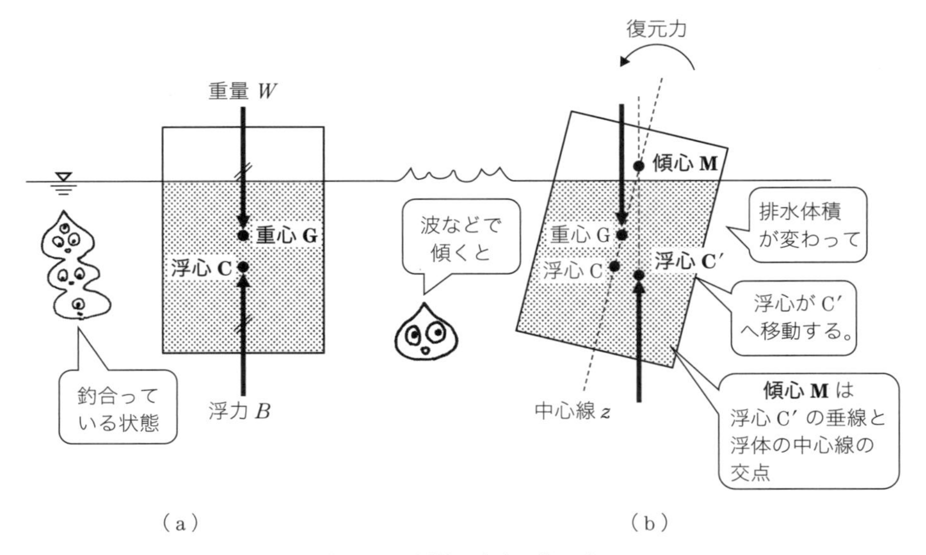

図 10.2　浮体の安定と復元力

10-3.　浮体の安定と傾心 M

浮心の垂線と浮体の中心線の交点を**傾心**(けいしん) M と呼ぶ。**メタセンター** M と呼ぶこともある。浮体が安定か不安定かの判断は，傾心 M の位置で決まる。つまり，**図 10.3**（b）のように傾心 M が重心 G よりも上にあれば，復元力が働き，浮体は安定して浮いていられる。一方，図（c）のように傾心 M が重心 G より下にあるとき，偶力は逆向きに作用し，物体は転倒して沈んでしまう。

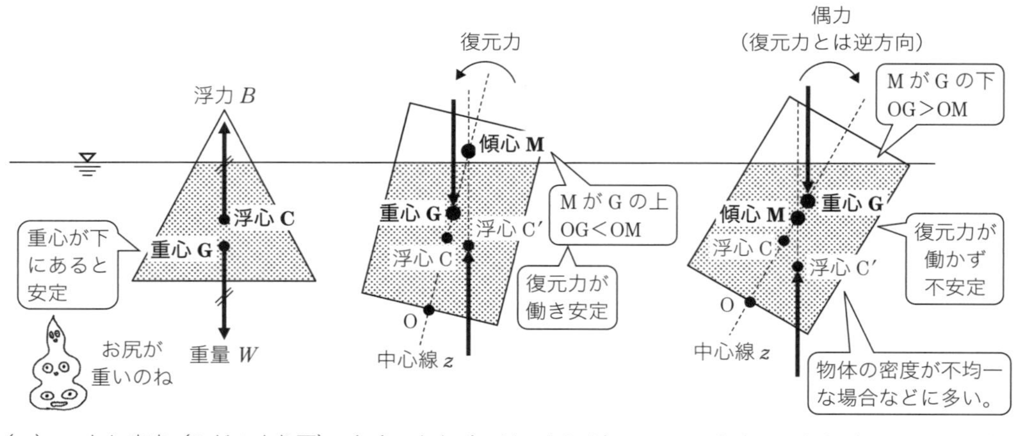

図 10.3　浮体の安定と傾心 M の位置

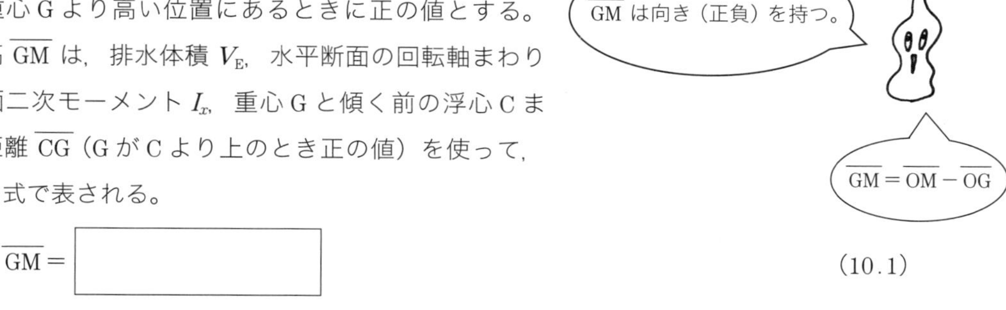

重心 G と傾心 M との距離 $\overline{\mathrm{GM}}$ を**傾心高**と呼び，傾心 M が重心 G より高い位置にあるときに正の値とする。傾心高 $\overline{\mathrm{GM}}$ は，排水体積 V_E，水平断面の回転軸まわりの断面二次モーメント I_x，重心 G と傾く前の浮心 C までの距離 $\overline{\mathrm{CG}}$（G が C より上のとき正の値）を使って，つぎの式で表される。

$\overline{\mathrm{GM}}=$ ［　　　　］　　(10.1)

この傾心高を使って，浮体の安定は下記の条件で判定できる。

$\overline{\mathrm{GM}}>0$ のとき，浮体は安定（復元力が働く）
$\overline{\mathrm{GM}}=0$ のとき，浮体は中立（静止状態）
$\overline{\mathrm{GM}}<0$ のとき，浮体は不安定（ますます傾く）

断面二次モーメント I は軸の取り方で変わるが，小さい I のみで判断すれば OK である。

TRY　理解度チェック！

【1】 傾心高 $\overline{\mathrm{GM}}$：$\overline{\mathrm{GM}}=$ ［　　　　］　　(10.1)

【2】 浮体の安定不安定の判定：

$\overline{\mathrm{GM}}>0$ のとき，浮体は＿＿＿＿＿＿である。
$\overline{\mathrm{GM}}<0$ のとき，浮体は＿＿＿＿＿＿である。

TRY　練　習　問　題

【例題】 **問図 10.1** に示すような，比重 2.4 の鉄筋コンクリート製のケーソンを海に浮かべるとき，吃水を求めよ。ただし，ケーソンの板の厚さを 0.50 m，海水の比重を 1.03 とする。（重力単位系）

☺解答☺

まずケーソンの重量 W を求める。中が空洞になっているので，外側寸法の体積から内側寸法の体積を引いたものに，単位重量をかければよい。

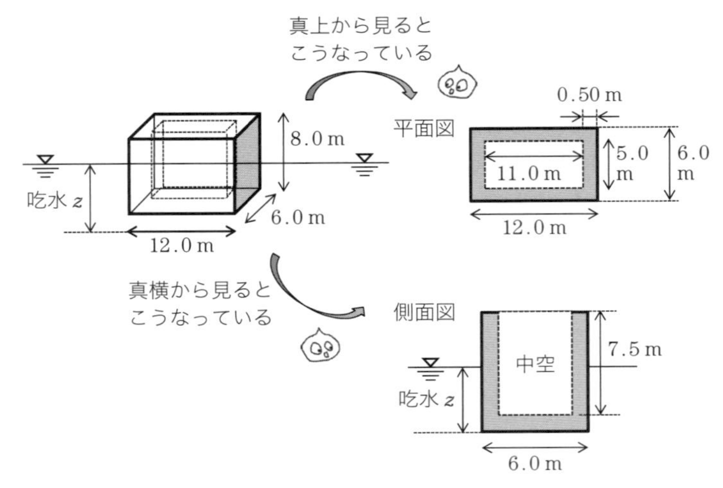

問図 10.1　ケーソン

$$W = 2.4\,\mathrm{tf/m^3} \times (8.0 \times 6.0 \times 12.0 - 7.5 \times 5.0 \times 11.0)\,\mathrm{m^3}$$
$$= 392.4\,\mathrm{tf} = 3.9 \times 10^2\,\mathrm{tf}$$

浮力 B は，ケーソンが海水中に沈んでいる体積（排水体積）に比例するので，吃水を z とすると

$$B = 1.03\,\mathrm{tf/m^3} \times z \times 12.0 \times 6.0\,\mathrm{m^3} = 74.16\,z\,\mathrm{tf} = 74\,z\,\mathrm{tf}$$

となる。$W = B$ より，$392.4 = 74.16\,z$ なので，$z = 5.3\,\mathrm{m} < 8.0\,\mathrm{m}$（ケーソンの高さ）である。　☺

【問】　**問図 10.2** に示すような比重 2.4 の鉄筋コンクリート製のケーソンを海水に浮かべる。そのときの安定，不安定を判定するため，下記の値を SI で求めよ。

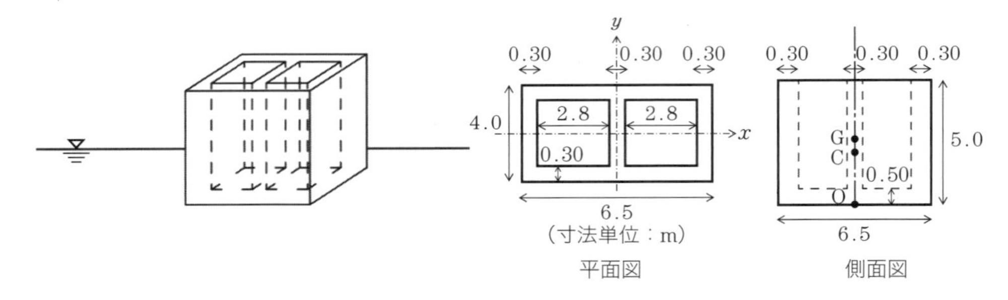

問図 10.2　ケーソン

（1） ケーソンの重量 W（解答欄 ①）

［計算欄］

ヒント：W＝外枠の重量 W_1−内枠の重量 W_2

ケーソン重量 W		外枠の立体重量 W_1		内枠の立体重量 W_2
G_2、G_1、O 側面図	＝	側面図	−	G_2 G_2 側面図

（2） ケーソンの底面から重心 G までの距離 $\overline{OG}$（解答欄 ②）

〔**ヒント**〕 底面まわりのモーメントを解く $\overline{OG}\times W=\overline{OG_1}\times W_1-\overline{OG_2}\times W_2$

［計算欄］

（3） 吃水 z_0（解答欄 ③）

［計算欄］

（4） 底面から浮心 C までの距離 $\overline{OC}$（解答欄 ④）

［計算欄］

	①	②	③	④
解答				
（単位）				

（5）x 軸，y 軸まわりの断面二次モーメント I_x，I_y（解答欄 ⑤，⑥）

［計算欄］

（6）水中部分の体積 V（解答欄 ⑦）

［計算欄］

（7）重心 G から浮心 C までの距離 $\overline{CG}$（解答欄 ⑧）〔**ヒント**〕：$\overline{CG}=\overline{OG}-\overline{OC}$

［計算欄］

（8）傾心高 h（解答欄 ⑨）を求め安定か不安定か判定せよ。（解答欄 ⑩）

［計算欄］

	⑤	⑥	⑦	⑧	⑨	⑩
解答						
（単位）						

Exercises 1　静水圧

☺「自分の能力は，自分で使ってみなければわからない」

（湯川秀樹，理論物理学者）☺

【E1.1】　水面下に，**問図 E1.1** のような平板が鉛直に位置するとき，この平板の片側の面に作用する全水圧の作用点の水深はおよそいくらか。（公務員試験類題）

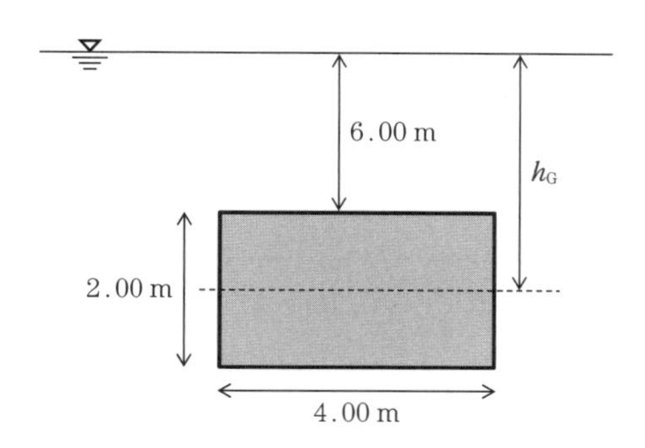

問図 E1.1　傾斜平面に働く全静水圧 P

【E1.2】　水が流れる管に水銀マノメーターをつないだところ，**問図 E1.2** のようになったとき，この管の水圧を求めよ。ただし，水銀の密度は 13.6 g/cm^3，水の密度は 1 g/cm^3，重力加速度は 9.8 m/s^2 とし，計算の過程も示すこと。（平成28年度東京都職員採用試験 1類B（一般方式）より）

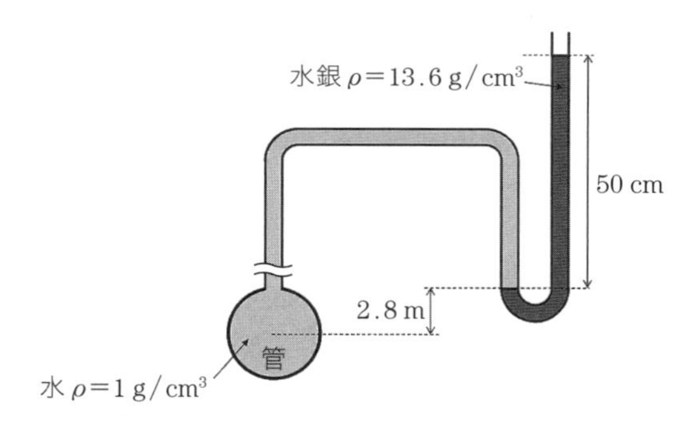

問図 E1.2　水銀マノメーター

【E1.3】 **問図 E1.3** に示す角度 $\theta=90°$ の円弧状のラジアルゲート（奥行 2.0 m）に働く全静水圧 P および作用点 C までの水深 h_C，点 O から P_z の作用線までの距離 x_C，P の作用線と水平線のなす角度 α を求めよ。ただし半径 $r=2.0$ m，$h_1=1.0$ m とし，単位は SI で答えよ。

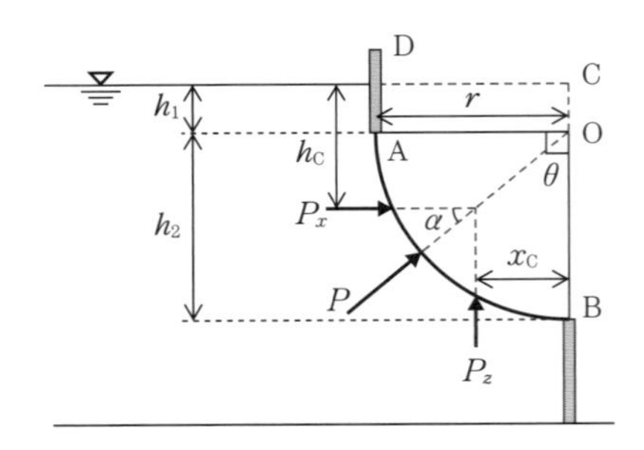

問図 E1.3　上部に壁があるラジアルゲート

【E1.4】 **問図 E1.4** のようにゲートの内側に水が溜まっているラジアルゲートを考える。このゲートの奥行を 4.50 m，角度 $\theta=90°$，半径 $r=3.00$ m としたとき，ゲートに働く全静水圧 P および作用点 C までの水深 h_C を SI で求めよ。

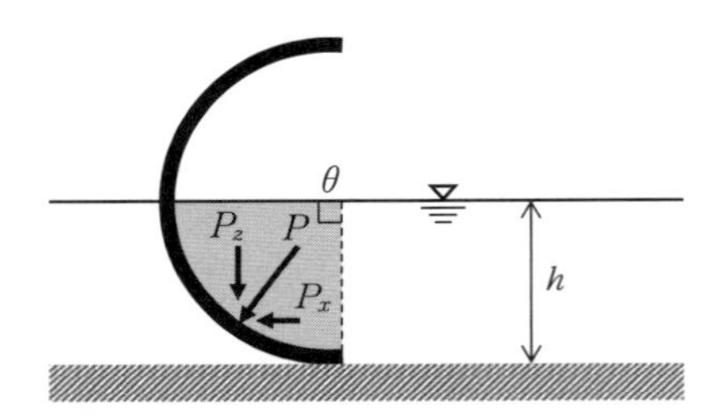

問図 E1.4　内側に水が入った
ラジアルゲート

【E1.5】 **問図 E1.5** に示すような断面の一辺が 1 m の正方形で，長さが 4 m の木材を水に浮かべたとき，つぎの問に答えなさい。ただし，木材の密度を 550 kg/m^3 とする。答えが小数になる場合は，小数点以下第 2 位を四捨五入して小数点以下第 1 位まで答え，単位も記載すること。なお，解答用紙には途中の計算も示すこと。（平成 27 年度大阪府職員採用試験 技術（高校卒程度）より）

（1）　木材の重量 W を求めなさい。

（2）　吃水 d を求めなさい。

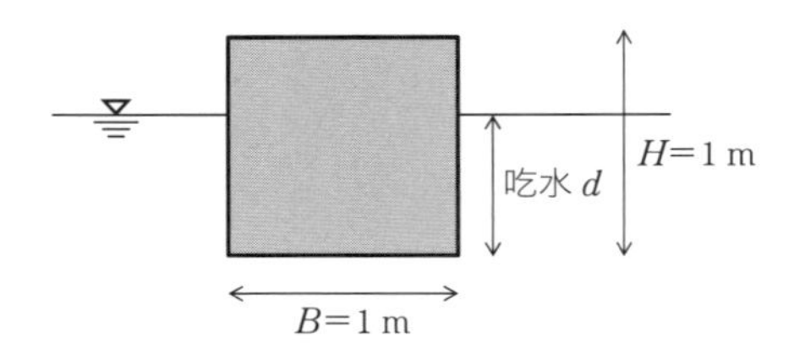

問図 E1.5　吃　水

第 4 章

流れの基礎と
三つの支配方程式

　ここまで，水が静止した状態での力学を学んできた。現実の地球上では，水は重力により高いところから低いところへ流れるし（自然流下），圧力の大きいところから小さいところへ流れる（例えばポンプなど）。本章以降では水の動き，流れについて学ぶ。

　水の流れを考えていく上で重要な三大則は，「連続の式（質量保存則）」，「ベルヌーイの定理（エネルギー保存則）」，「運動量保存則」である。順に学んでいこう。

Lesson 11　流れの基礎と連続の式（質量保存則）

☺ 水にだって質量保存則 ☺

11-1.　流　　体　　力

本章からは水の流れについて考えていく。**図 11.1** に示すように，ある物体が流速 v の流れの中にあるとき，物体は流れから力を受ける。この力を＿＿＿＿＿＿＿＿と呼ぶ。流体力のうち，流れに並行に働く力を**抗力**と呼び，流れに垂直に働く力を**揚力**と呼ぶ。抗力 D と揚力 L はそれぞれ抗力係数 C_D，揚力係数 C_L を用いて，つぎのように表せる。

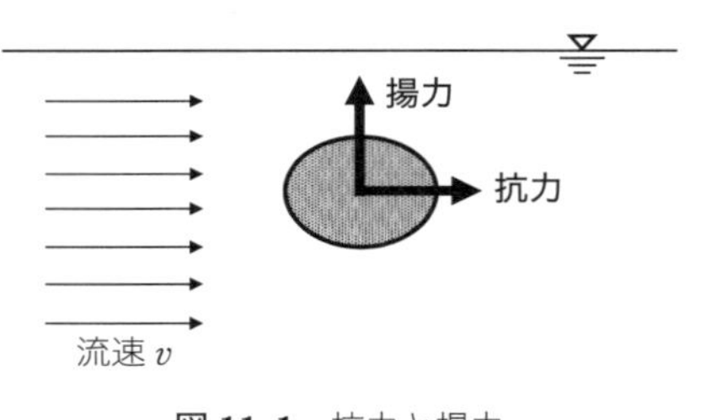

図 11.1　抗力と揚力

$$D = C_D A \frac{\rho v^2}{2}$$

$$L = C_L A \frac{\rho v^2}{2}$$

ここで，A は流れに垂直な面に物体を投影した面積であり，球ならば $A=\pi d^2/4$ となる。

まずは水の流れの基礎を学び，徐々に摩擦や形状に基づく抵抗を考えたケースを学んでいこう。

11-2.　流 速 と 流 量

はじめに，水の流れる状態を表す流速，流量をきちんと整理しておこう。水は水粒子の集合体であった。水粒子が単位時間当りに移動する距離を＿＿＿＿＿＿＿＿と呼ぶ。次元式で表すと，＿＿＿＿＿＿＿＿＿である。

一方，単位時間当りに移動した水の体積を＿＿＿＿＿＿＿＿と呼ぶ。次元式で表すと，＿＿＿＿＿＿＿＿＿である。

1 秒，1 時間，1 日など考えるスケールによって異なるため，“単位”時間として定義する。

例えば**図 11.2** のように，ある水路において水粒子の移動距離をその移動にかかった時間で割った値が**流速** v であり，水の移動した総量（**体積**）をメスシリンダなどで測り，経過時間で割った値が**流量** Q である。水路の断面積を A としたとき，流量 Q と流速 v の関係式は下記になる。

$Q =$ ＿＿＿＿　(11.1)

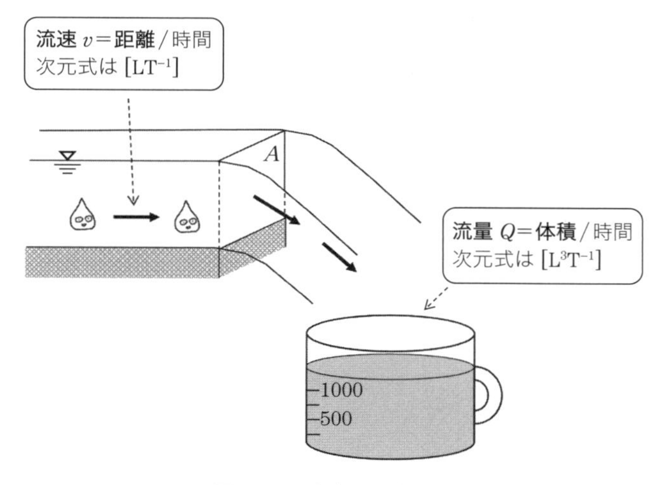

図 11.2　流速 v と流量 Q

11-3.　開水路と管水路（流れの種類 ①）

水の流れている場所として思い浮かぶ景色は何だろう？　河川，池，噴水，上下水道管などさまざまあるが，その種類を整理してみよう。

水が一定の道筋を継続的に流れている通路を**水路**と呼ぶ。そのうち，河川などに代表される，大気と接する**自由水面**を持つ水路を**開水路**（かいすいろ）と呼び，水道管などに代表される自由水面を持たない水路を**管水路**（かんすいろ）と呼ぶ（**図 11.3**）。**図 11.4** のように，壁面が管の形でも自由水面を持つ場合は，流れは開水路になる。

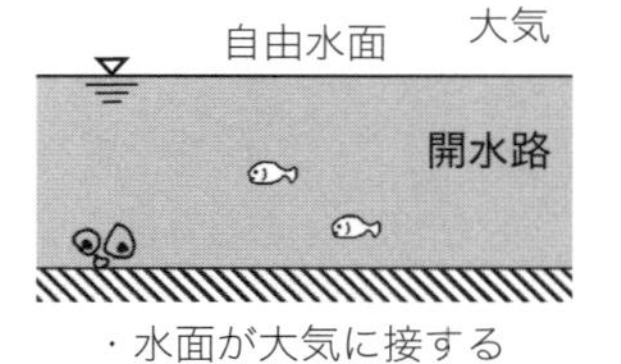

管水路
・壁で囲まれている
・水が充満して流れている

図 11.3　管水路，開水路の特徴

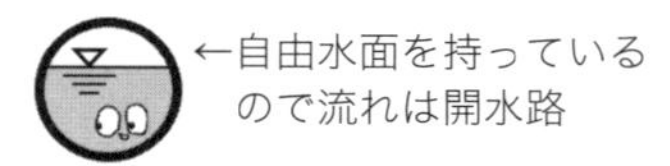

図 11.4　開水路の特殊な例

11-4.　定常流と非定常流（流れの種類 ②）

つぎに，水の流れに変化があるかどうかで種類分けしてみよう。**表 11.1** に示すように，時間的な変化がない流れを＿＿＿＿＿＿＿＿と呼び，時間的な変化がある流れを＿＿＿＿＿＿＿＿と呼ぶ。定常流のうち，空間的に変化がない，すなわち断面が一様（人工的な水路など）な流れを＿＿＿＿＿＿＿＿と呼び，空間的に変化がある＝断面が一様でない流れ（**図 11.5**）を＿＿＿＿＿＿＿＿と呼ぶ。また時間的にも空間的にも変化する流れ（非定常流不

表 11.1　流れの分類

時間的な変化		空間的な変化	
な　し	定常流	な　し	等　流
		あ　り	不等流
あ　り	非定常流	あ　り	不定流

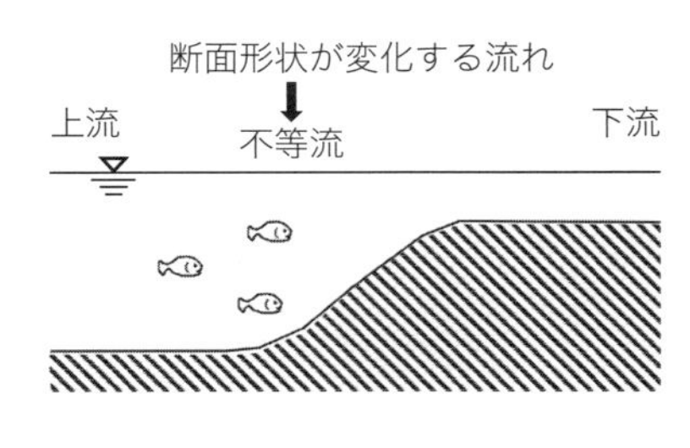

図 11.5　不等流

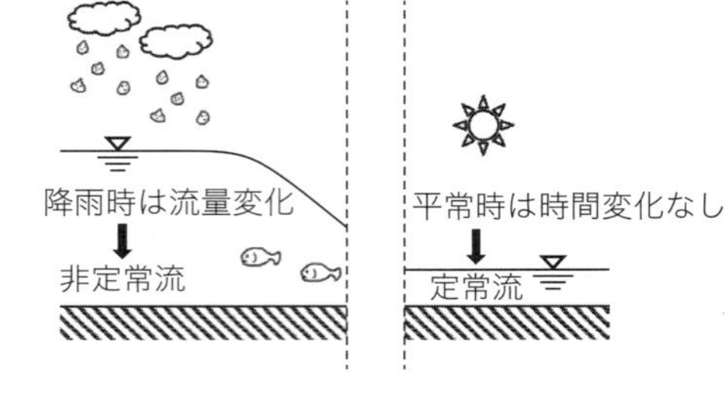

図 11.6　非定常流と定常流

等流）を＿＿＿＿＿＿＿と呼ぶ。一般的な河川で考えてみると，晴天（曇天）時など流量に時間変化がない状態が定常流であり，降雨時など増水し流量に時間変化がある状態が非定常流である（**図 11.6**）。まずは時間的に安定している定常流の流れから考えていくことにしよう。

11-5.　連続の式（質量保存則）

水の流れ三大方程式の一つが，水の「質量保存則」である。例えば**図 11.7** のような断面形状で，水路の断面積が途中で変化する水路を考えてみよう。水の密度 ρ，流量 Q_1 とすると単位時間に断面積 A_1 を流速 v_1 で流れた水の質量は次式で表せる。

$$\rho Q_1 = \boxed{} \tag{11.2}$$

一方，単位時間に断面積 A_2 から流速 v_2 で流出する水の質量は

$$\rho Q_2 = \boxed{} \tag{11.3}$$

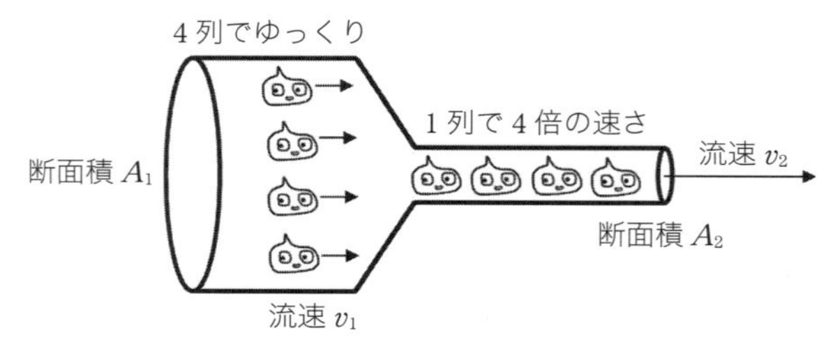

図 11.7　連続の式（水の質量保存則）

管壁からの漏れがなければ，流入する水の質量と流出する水の質量は等しく，式 (11.2) と式 (11.3) は等しくなる。これが**連続の式（質量保存則）**である（図 11.7）。

$$Q = \boxed{} = \boxed{} = 一定 \qquad (11.4)$$

質量が変わらないことは当たり前のように思えるかもしれない。が，じつはきちんと定式化されたのは，レオナルド・ダ・ヴィンチ（1452-1519）の時代以降といわれている。

TRY 理解度チェック！

【1】 流量と流速の関係：$Q = \boxed{}$ (11.1)

【2】 流れの分類（空欄を埋めよう）：

<table>
<tr><th colspan="2">時間的な変化</th><th colspan="2">空間的な変化</th></tr>
<tr><td rowspan="2">な　し</td><td rowspan="2"></td><td>な　し</td><td></td></tr>
<tr><td>あ　り</td><td></td></tr>
<tr><td>あ　り</td><td></td><td>あ　り</td><td></td></tr>
</table>

【3】 連続の式（質量保存則）：$Q = \boxed{} = \boxed{} = 一定$ (11.4)

練　習　問　題

【例題】 問図 11.1 のようなパイプに 1 秒間に 5.00 L の水を流したとき，断面 ① および ② の流速を求めよ。（CGS 単位系）

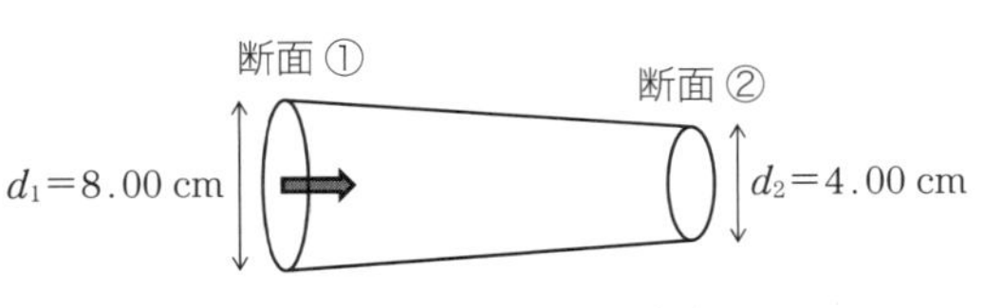

問図 11.1　パイプの流速

☺ 解答 ☺

流量は Q=5.00 L/s=5.00×10^3 cm^3/s なので

$$v_1 = \frac{Q}{A_1} = \frac{5.00\times10^3}{\frac{\pi d_1^{\,2}}{4}} = \frac{5.00\times10^3}{\frac{\pi\, 8.00^2}{4}}$$

$$= \frac{5.00\times10^3}{16.0\,\pi} = 9.95\times10 \text{ cm/s}$$

$$v_2 = \frac{Q}{A_2} = \frac{5.00\times10^3}{\frac{\pi d_2^{\,2}}{4}} = \frac{5.00\times10^3}{\frac{\pi\, 4.00^2}{4}} = \frac{5.00\times10^3}{4.00\,\pi} = 3.98\times10^2 \text{ cm/s}$$

☺

【問 1】 半径 $r=0.20$ m の管水路に，平均流速 $v=1.50$ m/s で水が流れているとき，流量 Q を求めよ。（MKS 単位系）（解答欄 ①）

［計算欄］

【問 2】 問図 **11**.**2** のような管水路において，流速 $v_1=0.50$ m/s，$v_2=1.50$ m/s のとき，半径 r_2 を求めよ。（MKS 単位系）（解答欄 ②）

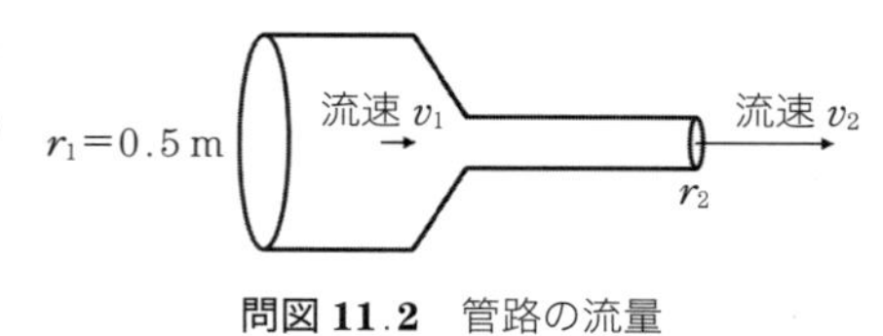

問図 11.**2**　管路の流量

［計算欄］

【問 3】 問図 **11**.**3** のような管水路において 30 L/s の水を流したとき，v_1 および v_2 を求めよ。（CGS 単位系）（解答欄 ③，④）

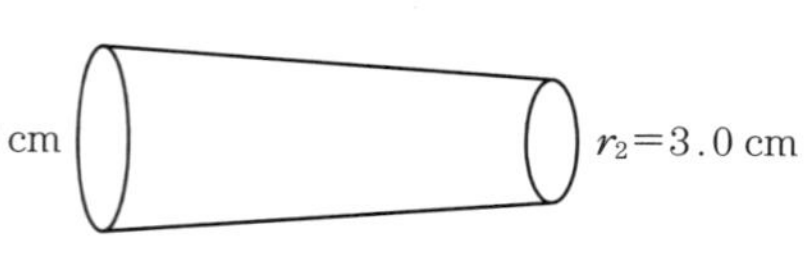

問図 11.**3**　連続の式

［計算欄］

	①	②	③	④
解答				
（単位）				

Lesson 12　ベルヌーイの定理

☺ 水のエネルギー保存則→ベルヌーイの定理 ☺

12-1.　水の3大エネルギー

Lesson 12 では水のエネルギー保存則について学んでいこう。まず，力，仕事，エネルギーという言葉について整理しておこう。**図 12.1** のように物体に力 F をかけて，距離 a 移動したとき，力 F は物体に＿＿＿＿＿＿＿＿の**仕事**をしたことになる（1-7 節参照）。エネルギーとはこの**仕事をする能力**のことを指す。例えば，力 $F=1$ N，移動距離 $a=1$ m としたとき，仕事は＿＿＿＿＿＿＿であり，この力は「＿＿＿＿＿＿＿のエネルギーを持つ」と考える。

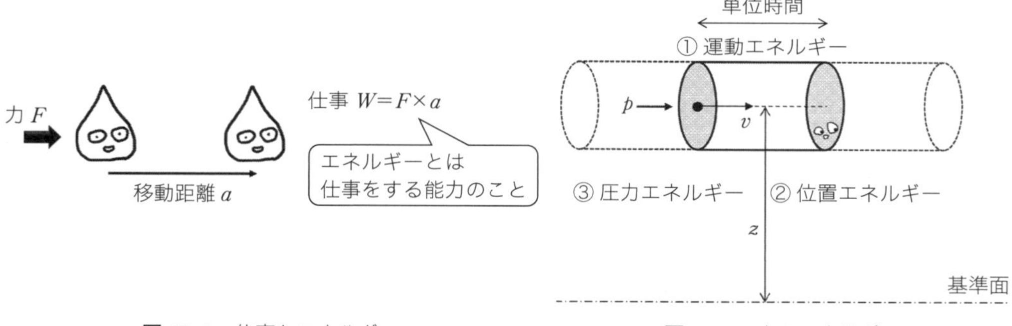

図 12.1　仕事とエネルギー　　　**図 12.2**　水のエネルギー

地球上の水の流れが持つエネルギーは，① **運動エネルギー**，② **位置エネルギー**，③ 水の**圧力によるエネルギー**の三つになる。**図 12.2** のように質量 m，基準面からの高さ（位置）z にある物体が速度 v で動くとき，① 運動エネルギーと ② 位置エネルギーは物理の法則により下式で表せる。

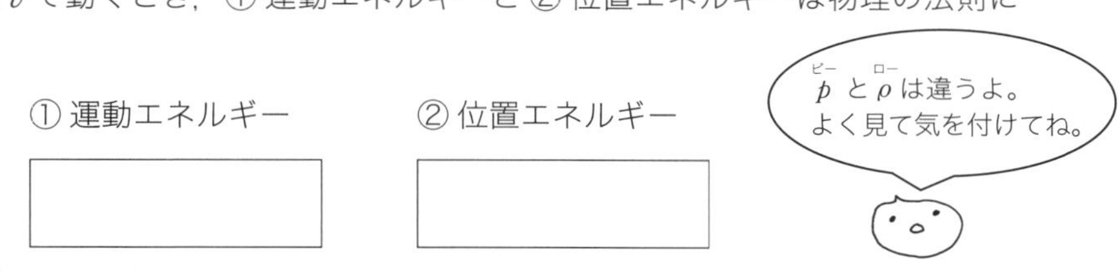

一方，③ 水の圧力エネルギーは，考えている断面に働く圧力 p を使って表す。図 12.2 のように断面積を A，圧力を p，流量を Q とすると，断面積 A には力 $p\times A$ が働き，単位時間の移動距離は v になるので圧力エネルギーは $p\times Av=$＿＿＿＿＿となる。運動エネルギー，位置エネルギーと統一するため，密度 ρ を用いて質量 m を用いた形に整理すると下式になる。

③ 水の圧力エネルギー

$$pQ=\frac{p}{\rho}\rho Q=\boxed{}$$

以上，三つのエネルギーを足し合わせた全エネルギー E' は

$$E' = \frac{1}{2}mv^2 + mgz + \frac{p}{\rho}m$$

$$= mg\left(\frac{v^2}{2g} + z + \frac{p}{\rho g}\right)$$

となり，両辺を mg で割ると，水の全エネルギー E は次式で表せる。

$$E = \boxed{} \qquad (12.1)$$

ここで，それぞれの項の単位をSIで考えてみると，すべて m（メートル），次元は[L]になっていることに気づいただろうか。水理学では水のエネルギーを水の位置（水深）で表し，これを**水頭**（すいとう）と呼ぶ。流速や流量に比べ，水深は現場で測定しやすい項目であるため，エネルギーを水頭（水深）で扱うと非常に便利なのだ。

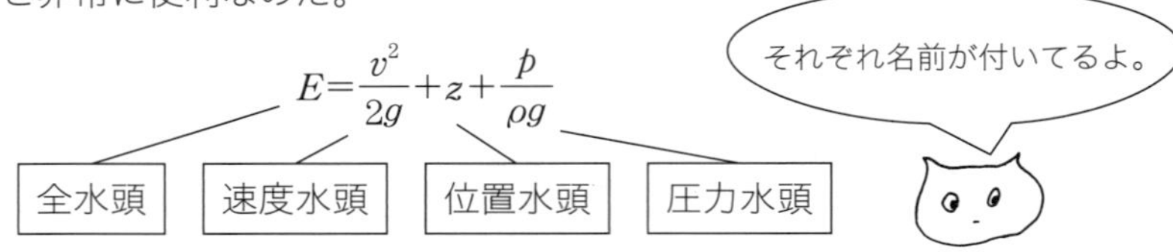

12-2．ベルヌーイの定理

図12.3 のような管水路にて，断面①と断面②で全エネルギー E_1 と E_2 を考えると

$$E_1 = \boxed{}$$

$$E_2 = \boxed{}$$

となる。これらのエネルギーが保存される（＝一定である）という関係を**完全流体におけるベルヌーイの定理**と呼ぶ。

$$E = \underset{(E_1)}{\boxed{}} = \underset{(E_2)}{\boxed{}} = 一定 \qquad (12.2)$$

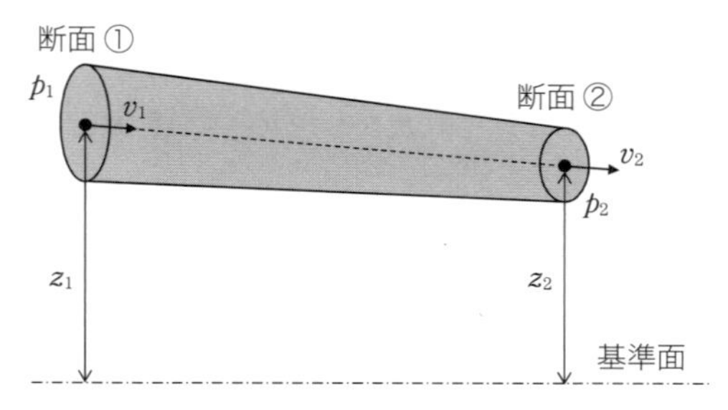

図12.3　二つの断面における水のエネルギー

本来，水には粘性があるため（3-3 節），管壁との摩擦などでエネルギーは失われ，図 12.3 の断面 ① ② 間でもエネルギーは損失する。式（12.2）で考えたエネルギー保存則は，エネルギー損失がないことを前提としており，このような水の流れを**完全流体**と呼ぶ。自然界ではほぼ存在しえないが，Lesson 12，13 では完全流体としてまず基本を学び，Lesson 15 以降で実現象（エネルギー損失）について学んでいこう。

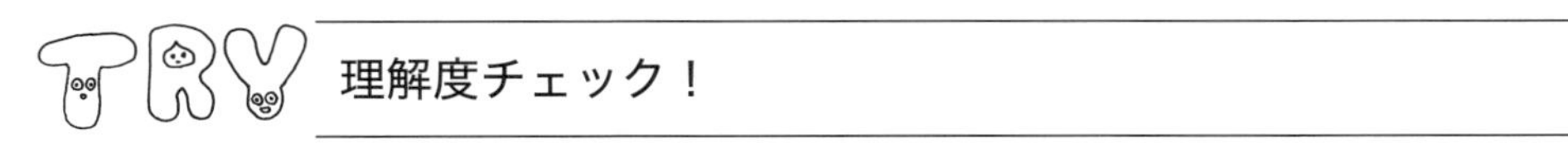

TRY 理解度チェック！

【1】 完全流体とは＿＿＿＿＿＿＿＿＿＿がない流体のことである。

【2】 連続の式（Lesson 11 の復習）：

$$Q = \boxed{\quad\quad} = \boxed{\quad\quad} = \text{一定} \tag{11.4}$$

【3】 完全流体におけるベルヌーイの定理：

$$E = \underset{(E_1)}{\boxed{\quad\quad\quad}} = \underset{(E_2)}{\boxed{\quad\quad\quad}} = \text{一定} \tag{12.2}$$

TRY 練習問題

☆**重要★【例題】 問図 12.1** のように大きな水槽の下端に小さな孔（出口 B）をあけ，水を放出させたとき，出口 B での流速 v_B を求めよ。ただし摩擦などのエネルギー損失はないものとせよ。（MKS 単位系）

☺**解答**☺

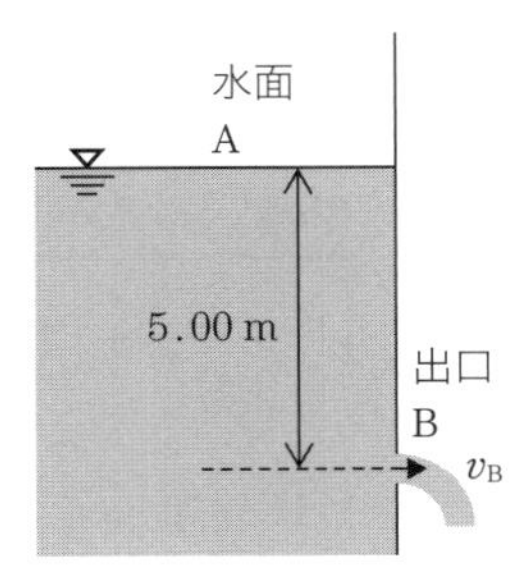

問図 12.1　トリチェリの定理

基準線を出口 B の中心線として，水面 A と出口 B の 2 点で完全流体におけるベルヌーイの定理を立てる。

$$\frac{v_A^2}{2g} + z_A + \frac{p_A}{\rho g} = \frac{v_B^2}{2g} + z_B + \frac{p_B}{\rho g}$$

ここで，p_A，p_B は大気圧でありゼロ，z_A は基準線上なのでゼロである。また，水面 A は出口 B に比べ非常に大きいので静止状態とみなせ，$\dfrac{v_A^2}{2g}$ もゼロとみなせる。したがって，上式は

$$0 + z_A + 0 = \frac{v_B^2}{2g} + 0 + 0$$

$$v_B = \sqrt{2gz_A} = \sqrt{2 \times 9.80 \times 5.00} = 9.90 \text{ m/s}$$

ここで，水面と出口の水位差を H とすると

$$v = \boxed{\quad\quad\quad}$$

となり，これを**トリチェリの定理**と呼ぶ。摩擦などのエネルギー損失を考えなければ，流速は水深（水頭）H のみで表すことができる。☺

【問】 **問図 12.2** において，断面①の平均流速 $v_1 = 3.0\ \mathrm{m/s}$，水圧 $p_1 = 120\ \mathrm{kPa}$ であるとき，断面②の v_2，p_2 を SI で求めよ。

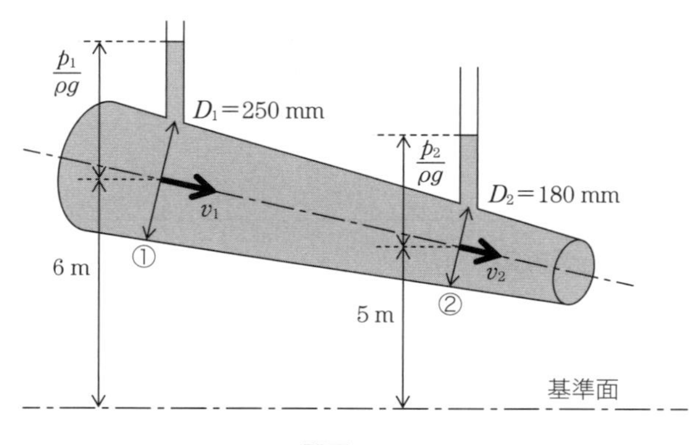

問図 12.2

（**1**）　断面積 A_1，A_2 を求めよ。（解答欄①，②）

［計算欄］

（**2**）　連続の式より，v_2 を求めよ。（解答欄③）

［計算欄］

（**3**）　断面①と断面②でベルヌーイの定理をあてはめ，p_2 を求めよ。（解答欄④）

［計算欄］

	①	②	③	④
解答				
（単位）				

Lesson 13　ベルヌーイの定理の応用

☺ ベルヌーイの定理を使えるようになろう ☺

13-1．ベルヌーイの定理と連続の式

Lesson 13 では，ベルヌーイの定理を使った応用例について学んでいこう。まずは復習である。完全流体におけるベルヌーイの定理は式（12.2）で

$$E = \boxed{} = \boxed{} = 一定 \qquad (12.2)$$

と表せ，連続の式は式（11.4）で表せた。

$$Q = \boxed{} = \boxed{} = 一定 \qquad (11.4)$$

Lesson 12 の例題で紹介したトリチェリの定理のように，完全流体におけるベルヌーイの定理を使って流速や流量測定を行う機器がある。例題形式で各応用例を学んでいこう。

13-2．ピ　ト　ー　管

【例題】 **図 13.1** のように水の流れの中に，先端に小さな孔 A があいた管を入れる。すると水位が水面よりも 0.50 m 上昇した。このときの流速 v を求めよ。（MKS 単位系）

☺ 解答 ☺

管の小さな孔 A と管の水位上昇点 B で完全流体におけるベルヌーイの定理を考える。基準線は孔の中心線としよう。点 A の圧力 p_A は静水圧の基本式より $p_A=\rho g h$，よって点 A の圧力水頭は $\frac{p_A}{\rho g}=h$ となる。位置水頭 z_A は基準線上なのでゼロである。また，点 B に関しては圧力水頭は大気圧なのでゼロ，位置水頭は $h+0.50$ m であり，速度水頭はゼロである。したがって，完全流体におけるベルヌーイの定理は次式となる。

$$\frac{v_A{}^2}{2g}+z_A+\frac{p_A}{\rho g} = \frac{v_B{}^2}{2g}+z_B+\frac{p_B}{\rho g}$$

$$\frac{v_A{}^2}{2g}+0+h = 0+h+0.50\ \mathrm{m}+0$$

$$v = v_A = \sqrt{2g\times 0.50\ \mathrm{m}} = \sqrt{2\times 9.80\times 0.50}$$

$$= 3.13\ \mathrm{m/s}$$

☺

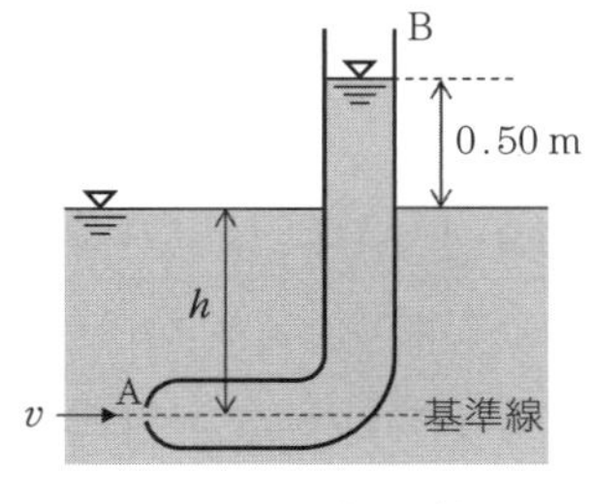

図 13.1　ピトー管

水面からの上昇水深を H とすると流速 v は下式で表せる。

$$v = \boxed{}$$

このような管を**ピトー管**と呼び，上昇水深を測定するのみで流速を計測することができる便利な器具の一つである。

13-3. ベンチュリ管

【例題】　**図13.2**のように，内径がd_1からd_2へと収縮している管を考える。断面①と②に細いガラス管を立てたところ，水頭差がHとなった。断面②を流れる流速v_2を求めよ。

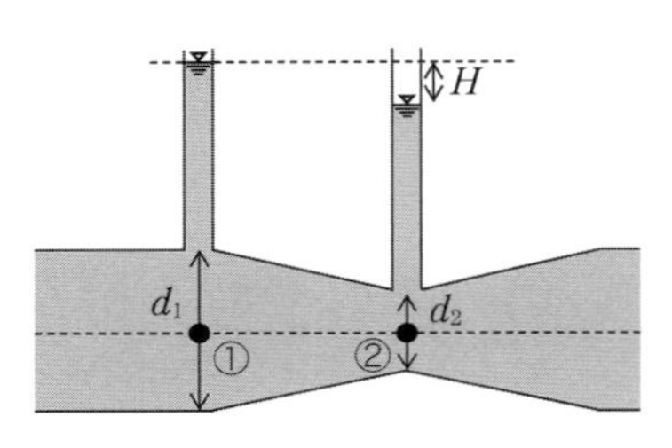

図13.2　ベンチュリ管

☺解答☺

断面①，②の断面積は$A_1=\frac{\pi d_1^2}{4}$，$A_2=\frac{\pi d_2^2}{4}$となり，連続の式よりv_1はv_2を使って表せる。

$$v_1A_1 = v_2A_2$$

$$v_1 = \frac{A_2}{A_1}v_2 = \frac{d_2^2}{d_1^2}v_2$$

点①と②でベルヌーイの定理を当てはめると

$$\frac{v_1^2}{2g}+z_1+\frac{p_1}{\rho g}=\frac{v_2^2}{2g}+z_2+\frac{p_2}{\rho g}$$

基準線上に乗っているため位置水頭はどちらもゼロであり，②の圧力水頭は①の圧力水頭からHを引いた値になる。

$$\left(\frac{d_2^2}{d_1^2}\right)^2\frac{v_2^2}{2g}+0+\frac{p_1}{\rho g} = \frac{v_2^2}{2g}+0+\frac{p_1}{\rho g}-H$$

$$\left(\frac{d_2^2}{d_1^2}\right)^2\frac{v_2^2}{2g} = \frac{v_2^2}{2g}-H$$

$$\frac{v_2^2}{2g}\left(1-\frac{d_2^4}{d_1^4}\right) = H$$

$$v_2^2 = 2gH\left(\frac{d_1^4}{d_1^4-d_2^4}\right)$$

$$v_2 = \sqrt{2gH}\frac{d_1^2}{\sqrt{d_1^4-d_2^4}}$$

☺

このような形式の管を**ベンチュリ管**と呼び，管内の流速（流量）を計測することができる。現場では摩擦などの影響を考慮して，補正のための係数Cをかけることが多い（詳細は次節）。

13-4. オリフィス

ここまで，エネルギー損失のない完全流体としてベルヌーイの定理を使い，管や水槽の流れを考えてきたが，実際には粘性によるエネルギー損失が若干存在する。特に，トリチェリの定理で学んだような小さな孔から水が流出するとき，壁からの剥離・縮流などにより，エネルギーを損失する。そのため実際の現場では，ある係数C（**流量係数**，値は0.60～0.98など形状で異なる）をかけてエネルギー損失を考慮した流量を計算する。

図13.3に示すような，水槽の側壁にあけられた小さな孔（流出口）を，**オリフィス**と呼ぶ。オリフィスの大きさが水深や水槽の大きさに比べて小さいときを**小オリフィス**，大きい

ものを**大オリフィス**という（Exercises【E2.4】,【E2.5】参照）。

【例題】 **図 13.3** のようにオリフィスを閉じて水深 $H = 5.0$ m まで水を入れ，オリフィスを開けたとき，オリフィスから水が流出し始めた瞬間（$t = 0$）の水槽の水面の低下速度 v_1 を求めよ。ただし，流量係数 $C = 0.70$ とする。（MKS 単位系）

☺ **解答** ☺

トリチェリの定理を利用して，オリフィスからの流出速度 v_2 は

$$v_2 = \sqrt{2gH} = \sqrt{2\times 9.8\times 5.0} = 9.899\cdots = 9.9\ \text{m/s}$$

これに流量係数 C をかけて，連続の式より

$$A_1 v_1 = CA_2 v_2$$

$$v_1 = \frac{CA_2}{A_1}v_2 = \frac{0.70\times 10\times 10^{-4}\ \text{m}^2}{40\ \text{m}^2}\times 9.899$$

$$= 1.7\times 10^{-4}\ \text{m/s}$$

$$= 1.7\times 10^{-1}\ \text{mm/s}$$ ☺

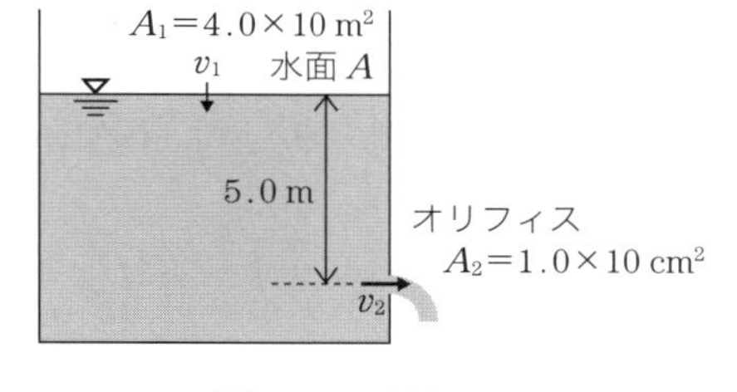

図 13.3　オリフィス

したがって，水面の低下速度は，オリフィスからの流出速度よりもはるかに小さい流速であることがわかる。

13-5.　堰による流量測定

洪水や氾濫防止のため，河川の流量を計測・管理することは非常に重要であるが，流量を正しく計測するには，河川の断面積とその平均流速を知る必要がある。自然河川には深いところも浅いところもあり，断面形状は複雑である。そこで，河川の断面に板を設けて，流路の断面形状を一定にし，流量測定を容易にする構造物がある（**図 13.4**）。これを**堰**（せき）といい，水が流れる断面形状によって，四角堰，三角堰と呼ぶ。**図 13.5** に示すような三角堰における流量を求めてみよう。

図 13.5 の三角堰において，微小領域（$dA = b\cdot dh$）の流量は，トリチェリの定理より $dQ = C\sqrt{2gh}\,dA$ で表せる。堰を越えて流れてくる水（**越流**（えつりゅう））の流量 Q は dQ を越流水深

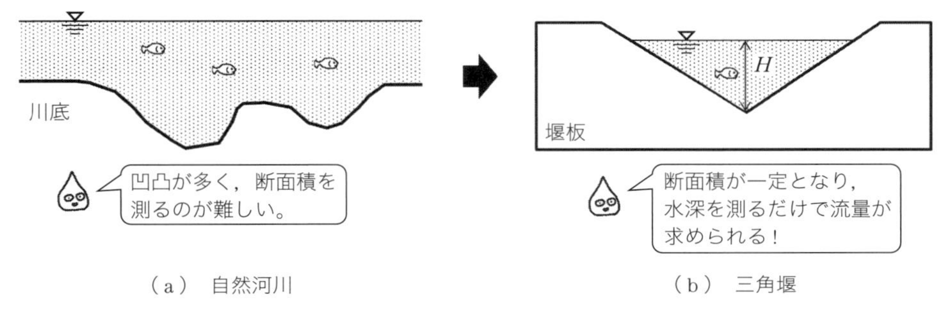

図 13.4　自然河川と三角堰

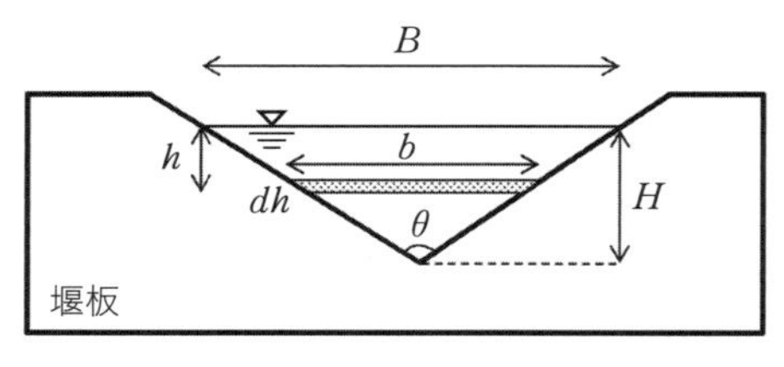

図 13.5　三角堰

H で積分すれば求められる。

$$Q=\int_0^H dQ=\int_0^H C\sqrt{2gh}dA=\int_0^H C\sqrt{2gh}bdh$$

ここで，堰幅と水深の関係式 $\tan\dfrac{\theta}{2}=\dfrac{b/2}{H-h}$ より，

$b=2(H-h)\tan\dfrac{\theta}{2}$ と表せ，これを上式に代入すると

$$Q=\int_0^H C\sqrt{2gh}bdh=\int_0^H C\sqrt{2gh}2(H-h)\tan\frac{\theta}{2}dh$$

$$=2C\sqrt{2g}\tan\frac{\theta}{2}\int_0^H\sqrt{h}(H-h)dh=\frac{8}{15}C\sqrt{2g}\tan\frac{\theta}{2}H^{5/2}$$

角度 $\theta=90°$（直角三角堰）のとき，$Q=\dfrac{8}{15}C\sqrt{2g}H^{5/2}$ となり，流量 Q は越流水深 H の 5/2 乗に比例することがわかる。

TRY　練　習　問　題

問図 13.1 に示すような水槽があるとき，下記の設問に答えよ。ただし，$d_B=d_C=0.20$ m，$d_D=0.16$ m とし，単位は SI とする。

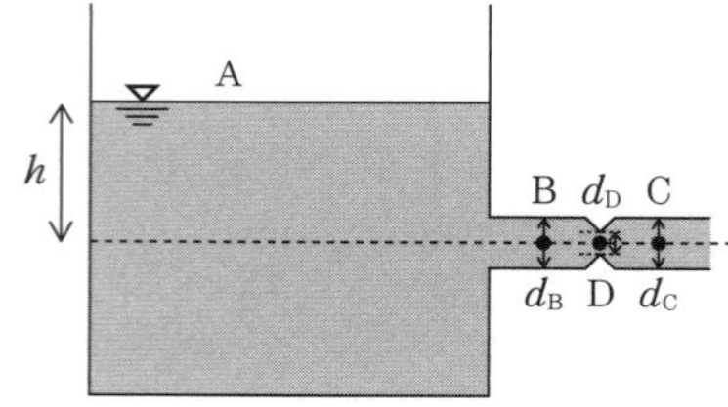

問図 13.1

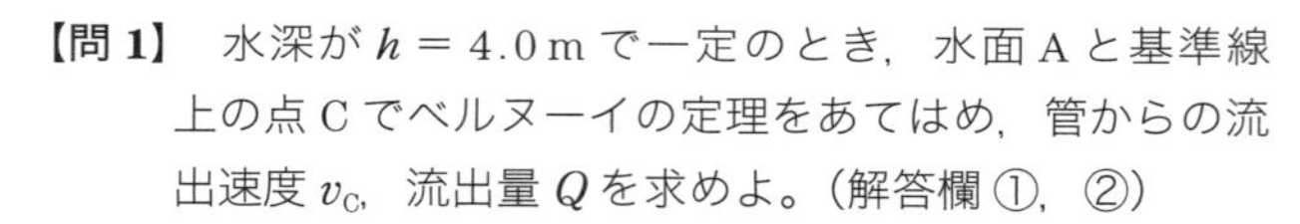

【問 1】　水深が $h=4.0$ m で一定のとき，水面 A と基準線上の点 C でベルヌーイの定理をあてはめ，管からの流出速度 v_C，流出量 Q を求めよ。（解答欄 ①，②）

［計算欄］

【問 2】 断面縮小部，基準線上の点 D での圧力および圧力水頭を求めよ。

（**1**） 点 C と点 D でベルヌーイの定理をあてはめよ。

［計算欄］

（**2**） 連続の式より，流出速度 v_C と点 D での流速 v_D の関係を求めよ。

［計算欄］

（**3**） 点 D における圧力水頭 $\frac{p_D}{\rho g}$，および圧力 p_D を求めよ。（解答欄 ③，④）

［計算欄］

	①	②	③	④
解答				
（単位）				

Lesson 14　運動量保存則

☺ 急変化の解析は運動量保存則で ☺

運動量保存則

図 14.1 に示すような曲がった管水路を水が流れるとき，曲がり角で水が管壁に力を及ぼし，また作用反作用の法則で水は管壁から＿＿＿＿＿＿＿＿を受けて，水の流れる向きが変わる。このような時間的または空間的に急激な変化がある水の流れは，衝突時に熱や音などでエネルギーを損失するため，衝突前後のエネルギー保存則は成り立たない。そこで，運動量保存則を用いて解析をする。

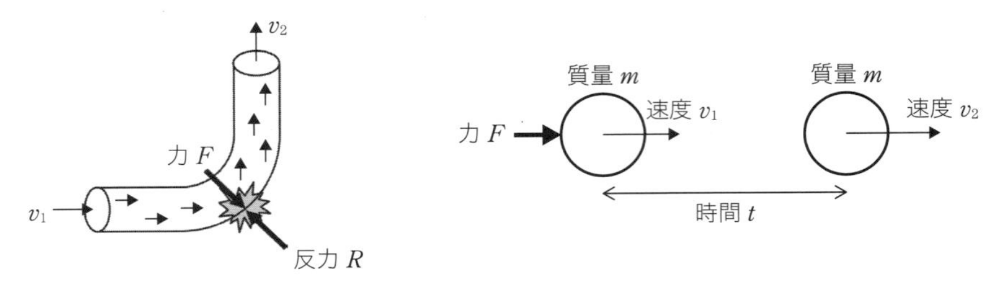

図 14.1　管水路に働く反力　　**図 14.2**　運動量と力積

図 14.2 のように質量 m の物体が速度 v で動いているとき，m と v の積＿＿＿＿＿＿を**運動量**と呼ぶ。運動量は大きさと方向を持つ**ベクトル量**である。この物体に力 F をかけて，t 秒間で速度が v_1 から v_2 に変わったとき，運動量の変化分は＿＿＿＿＿＿＿＿となり，この変化分が力 F と時間 t の積＿＿＿＿＿＿（**力積**）に等しい。これを**運動量保存則**と呼ぶ。（**運動量の式**と呼ぶこともある。）

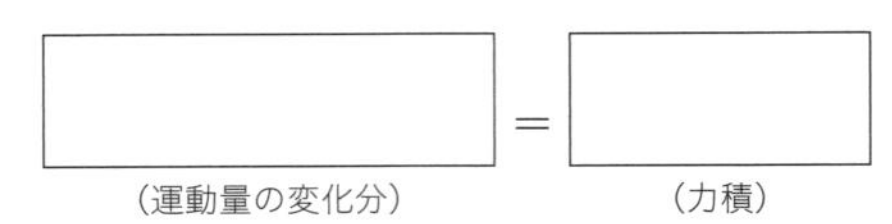

上式を整理すると次式のように表せる。

$$F = \boxed{} \tag{14.1}$$

この運動量保存則を水の計算に当てはめやすくするため，質量 m を密度 ρ，流量 Q，時間 t で表すと，密度 ρ の次元は $[\mathrm{M/L^3}]$，流量 Q は $[\mathrm{L^3/T}]$，質量は $[\mathrm{M}]$ なので，$m = \rho Q t$ が成り立ち

$$\frac{m}{t} = \boxed{} \tag{14.2}$$

よって，水の流れにおける運動量保存則は，式 (14.1) に式 (14.2) を代入して次式で表せる。

$$F = \boxed{} \tag{14.3}$$

続いて，**図 14.3** のように曲がった管水路で，水が管壁に当たり，流速が v_1 から v_2 に変わったとする。このとき水は管壁から反力 R を受けるとすると，式 (14.3) から

$$R = \boxed{} \tag{14.4}$$

となる。この管壁から受ける反力 R を x 方向，y 方向に分けて考えると次式になる。

$$\left.\begin{aligned} R_x &= \boxed{} \\ R_y &= \boxed{} \\ R &= \sqrt{R_x^{\,2}+R_y^{\,2}} \end{aligned}\right\} \tag{14.5}$$

ここで，v_{1x}，v_{1y} は v_1 の x，y 方向分力（ベクトル）であり，v_{2x}，v_{2y} は v_2 の x，y 方向分力（ベクトル）である。

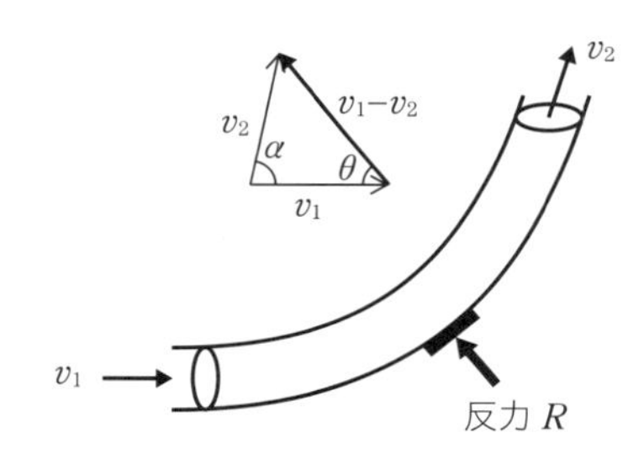

図 14.3　管水路の運動量と反力 R

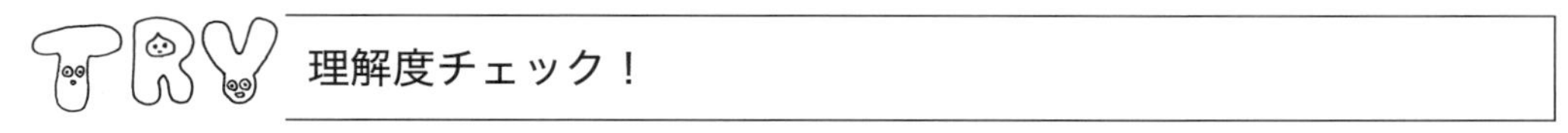

理解度チェック！

管水路の運動量変化と反力 R：

$$\left.\begin{aligned} R_x &= \boxed{} \\ R_y &= \boxed{} \\ R &= \sqrt{R_x^{\,2}+R_y^{\,2}} \end{aligned}\right\} \tag{14.5}$$

練　習　問　題

【例題】　問図 14.1 のように直径 5.0 cm の管から 15 m/s の水流が板に垂直に衝突し，90° 曲げられたとき，水が板から受ける反力 R を求めよ。

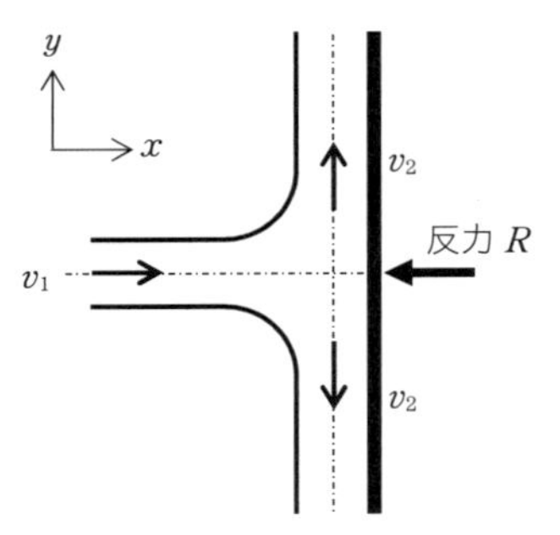

問図 14.1　板に衝突するときの反力 R

☺ 解答 ☺

x 軸に対して直角に板があるので，板からの反力は x 方向成分のみであり，$R_y=0$ である。衝突後の流速は垂直方向のみとなり，$v_{2x}=0$ である。したがって，反力 R の式 (14.5) は

$$R_x=\rho Q(v_{2x}-v_{1x})$$

$$R_x=\rho Q(0-v_{1x})=-\rho Qv_{1x}=-\rho A_1 v_{1x}v_{1x}$$

$$R_x=-1\,000\ \mathrm{kg/m^3}\times\frac{\pi\,5.00^2\times10^{-4}}{4}\ \mathrm{m^2}\times15.00^2\ \mathrm{m^2/s^2}$$

$$R_x=-0.441\,8\times1\,000\ \mathrm{N}=-0.44\ \mathrm{kN}$$

となる。答えが負の値であるということは，R_x の向きは式 (14.5) の想定どおり，x 軸負の方向（流入方向と逆）に働くということである。　☺

【問】　問図 14.2 のように，x 軸に水平に流速 v_1 で流入した水が壁面に当たって v_2 の方向に 60° 向きを変えたとき，この壁面の反力 R を求めよ。ここで管路の直径 d = 10.0 cm，流量 Q = 0.400 m³/s とする。水の重量や摩擦は無視してよい。単位は SI とする。

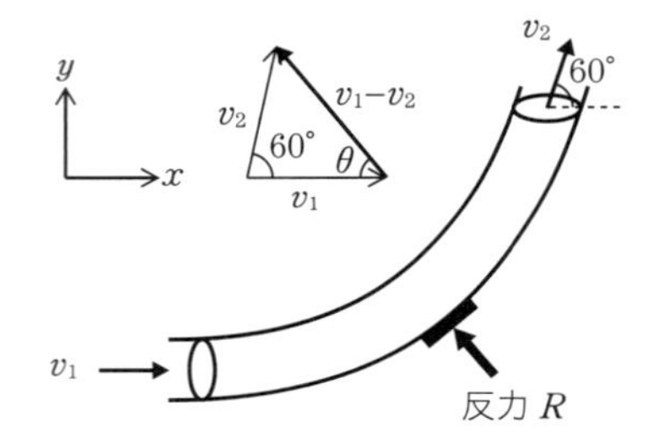

問図 14.2　管水路の運動量と反力 R

(1)　流速 v_1 を求めよ。（解答欄 ①）

［計算欄］

（**2**）　R_x を求めよ。（解答欄 ②）

［計算欄］

（**3**）　R_y を求めよ。（解答欄 ③）

［計算欄］

（**4**）　反力 R を求めよ。（解答欄 ④）

［計算欄］

	①	②	③	④
解答				
（単位）				

Exercises 2　ベルヌーイの定理

☺「知識に対する投資は，つねに一番の利益を生み出す」

（ベンジャミン・フランクリン，政治家，物理学者）☺

【E2.1】　問図 E2.1 のようなベンチュリ管において，$d_1=0.40$ m，$d_2=0.20$ m，$H=0.15$ m のとき管内の流量を求めよ。ただし，摩擦などの影響は無視する。（MKS 単位系）

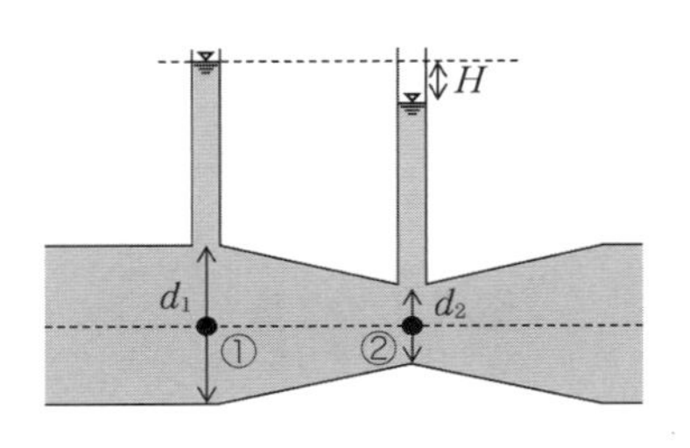

問図 E2.1　ベンチュリ管

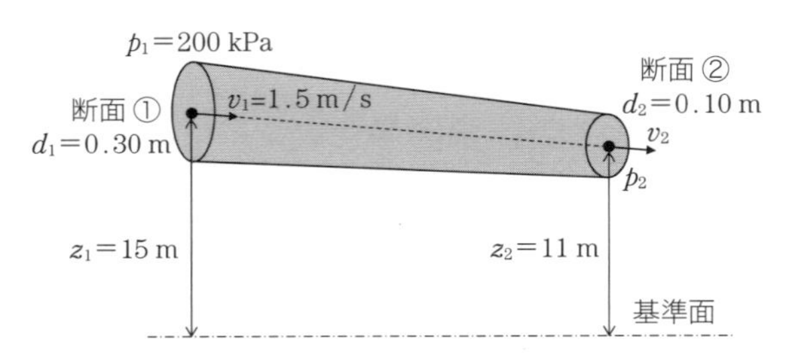

問図 E2.2　ベルヌーイの定理

【E2.2】　問図 E2.2 のような水圧鉄管内を水が断面 ① から ② に向かって流れている。管内の損失水頭は無視するものとして，下記に答えよ。（平成 27 年度大阪府職員採用試験 技術（大学卒程度）より）

（1）　断面 ② における平均流速 v_2 を求めよ。

（2）　断面 ② における水圧 p_2 および流量 Q_2 を求めよ。

【E2.3】　問図 E2.3 は，円柱状の容器の側面に直径 0.20 m の孔を 3 個あけて放水しながら，同時に容器にはつねに給水して水面を一定に保った状態にしたものである。なお，すべての損失を無視するものとし，下記に答えよ。（平成 28 年度大阪府職員採用試験 技術（大学卒程度）より）

（1）　一番上の孔から出る水の流速 v_1 を求めよ。

（2）　給水量 Q を求めよ。

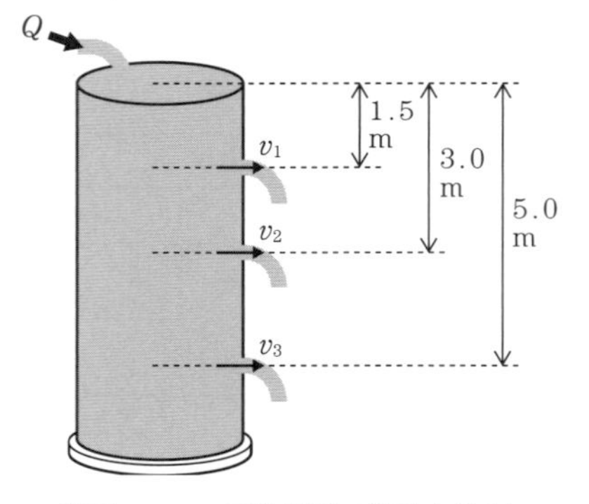

問図 E2.3　円柱容器の流速と流量

【E2.4】　小オリフィスと大オリフィスとの違いについて説明せよ。

【E2.5】　問図 E2.4 のように，水槽の側壁に設けた大オリフィスから流出する水の流量を求めよ。ただし，接近流速を無視することとし，流量係数は 0.62 とすること。

（平成 27 年度東京都職員採用試験 1 類 B（一般方式）より）

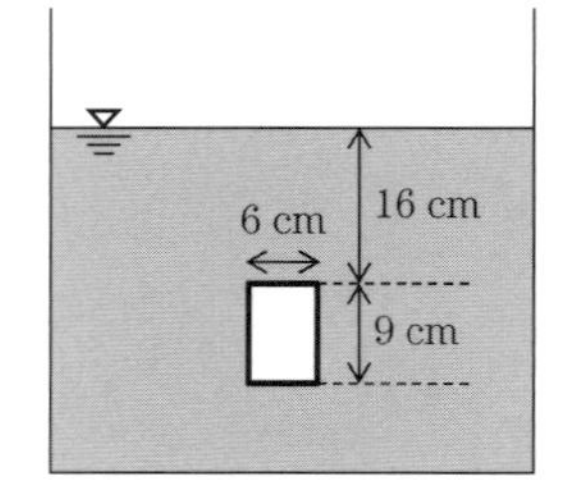

問図 E2.4　大オリフィス

第5章

管水路の流れ

第4章では摩擦などのエネルギー損失がない完全流体におけるエネルギー式を考えてきた。実際には摩擦や水路の形状が原因でエネルギーが損失する。本章からは，実社会に応用されている水道管（管水路）や河川（開水路）の水理学について勉強を進めていこう。

Lesson 15　実在流体のベルヌーイの定理（管水路の流れ ①）

☺ 水の粘性によりエネルギーは損失する ☺

15-1．摩擦損失と形状損失

Lesson 14 まではエネルギー損失のない完全流体におけるエネルギー保存則を学んだ。復習すると，完全流体におけるベルヌーイの定理は次式で表せた。

$$E = \boxed{} = \boxed{} = 一定 \qquad (12.2)$$

Lesson 15 以降では，粘性を考慮する実在流体について考えていこう。

お風呂に入って手で水をかき分けるとき，水を重く感じることがないだろうか。このように流体を動かし，変形させようとしたとき，水がその流動に対して抵抗する性質を＿＿＿＿＿＿＿＿と呼ぶ。現実世界では水にはこの粘性があるため，流れに対して摩擦が生じ，エネルギーが損失する。具体的には**図 15.1** に示すように，摩擦によるエネルギー損失（摩擦損失水頭 h_f）と，水路の断面形状の変化（拡大したり縮小したり），曲がりなどの形状に起因するエネルギー損失（形状損失水頭 h_l）が存在する。

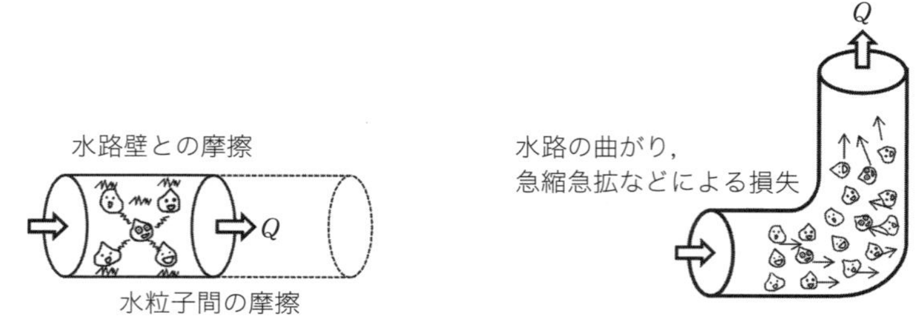

（a）摩擦によるエネルギー損失　　（b）形状に起因するエネルギー損失

図 15.1　摩擦損失水頭と形状損失水頭

15-2．損失水頭を考慮したベルヌーイの定理

水理学では水のエネルギーを水の高さ（水頭）で表した。完全流体におけるエネルギー保存とは，**図 15.2** に示すように，速度水頭＋圧力水頭＋位置水頭の和である全水頭の高さが，断面 ① と ② で等しい（ずっと一定）を意味している。一方，摩擦損失および形状損失により失われる損失水頭を考慮すると，全水頭の高さは断面 ① から ② に至る間に降下し，この降下分の水頭が損失水頭となる。摩擦損失水頭 h_f と形状損失水頭 h_l を考慮したベルヌーイの定理は下式になる。

失った分を足すんだよ。

$$\frac{v_1^2}{2g}+z_1+\frac{p_1}{\rho g}=\frac{v_2^2}{2g}+z_2+\frac{p_2}{\rho g}+\boxed{} \qquad (15.1)$$

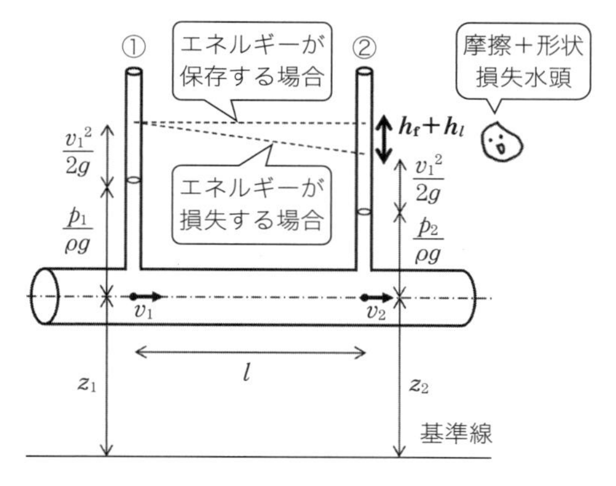

図 15.2　エネルギー損失

図 15.2, **図 15.3** のように，管水路に小さな孔をあけ，透明な細管を取り付けると，細管内を上昇する水の高さ z を測ることにより，水圧を知ることができる（マノメーター）。水圧と水深の関係は，Lesson 4 の静水圧の基本を思い出してもらうと

$$p=\boxed{} \tag{4.1}$$

なので，すなわち，$z=\dfrac{p}{\rho g}$ となり，マノメーターの水深 z は圧力水頭を表していることになる。

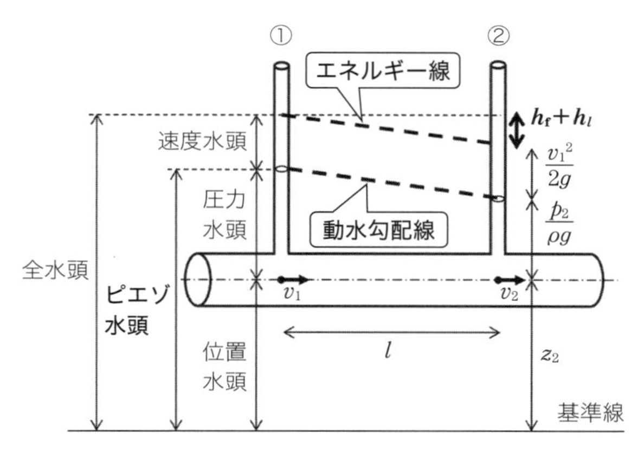

図 15.3　エネルギー線と動水勾配線

この圧力水頭 $\dfrac{p}{\rho g}$ と位置水頭 z_1 の和を＿＿＿＿＿＿＿＿という。またこのピエゾ水頭を各断面で結んだ線を＿＿＿＿＿＿＿＿と呼ぶ。また，各水頭の和すなわち全水頭を結んだ線を＿＿＿＿＿＿＿＿といい，このエネルギー線の傾きをエネルギー勾配 I_e と呼ぶ。

15-3．ダルシー・ワイズバッハの式

摩擦によるエネルギー損失を詳しく考えてみよう。**図 15.4** のように内径が一定の管水路が水平に置かれているとする。摩擦損失水頭を h_f，形状損失水頭はないものとすると，断面①と②でベルヌーイの定理は次式になる。

$$\frac{v_1^2}{2g}+z_1+\frac{p_1}{\rho g}=\boxed{}$$

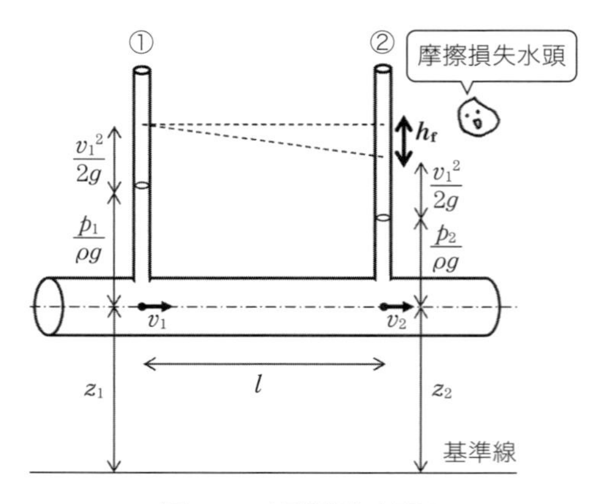

図 15.4　摩擦損失水頭 h_f

摩擦損失水頭 h_f は，「水路の長さ l と速度水頭 $\frac{v^2}{2g}$ に比例し，水路の直径 d に反比例する」という関係を，比例定数を f として定式化したものが，**ダルシー・ワイズバッハの式**である。

$$h_f=\boxed{} \qquad (15.2)$$

ここで，f は摩擦損失係数と呼ばれる**無次元量**（単位なし）であり，管の粗さ（粗度係数 n）や水の流れの様子（レイノルズ数 Re，Lesson 16 で詳しく学ぶ）の影響を受けて変化する。

TRY　理解度チェック！

【1】　摩擦損失水頭 h_f と形状損失水頭 h_l を考慮したベルヌーイの定理：

$$\frac{v_1^2}{2g}+z_1+\frac{p_1}{\rho g}=\boxed{} \qquad (15.1)$$

【2】　ダルシー・ワイズバッハ（摩擦損失水頭）の式：

$$h_f=\boxed{} \qquad (15.2)$$

練　習　問　題

【問 1】 内径 10 cm の円管内を流速 1.0 m/s で水が流れているとき，管長 10 m 当りの摩擦損失水頭はいくらとなるか。ただし，摩擦損失係数 $f=0.022$ とする。（解答欄 ①）（CGS 単位系）

［計算欄］

【問 2】 問図 15.1 において，水路長 $l=20$ m，内径 10 cm の表面の粗い鉄管に，流量 $Q=1.5$ L/s で水が流れているとき，摩擦損失水頭 h_f を求めよ。ただし，摩擦抵抗係数 $f=0.028$ とする。（CGS 単位系）

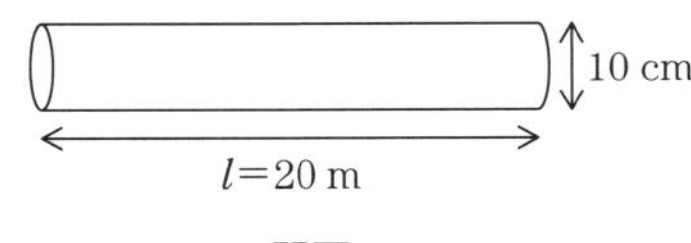

問図 15.1

（1） 流積 A（水が流れる部分の面積）を求めよ。（解答欄 ②）

［計算欄］

（2） 流速 v を求めよ。（解答欄 ③）

［計算欄］

（3） h_fを求めよ。（解答欄④）

［計算欄］

	①	②	③	④
解答				
（単位）				

Lesson 16　マニングの公式（管水路の流れ②）

☺ 粗さはマニングの粗度係数で ☺

16-1.　レイノルズ数 Re

Lesson 15 で摩擦損失水頭を表すダルシー・ワイズバッハの式を学んだ。摩擦損失水頭は，水の流れの様子（レイノルズ数 Re）と水路の粗さによって変わったが，Lesson 16 ではこれらのパラメーターについて学んでいこう。

水の流れには**図 16.1** に示すような 2 パターンがある。図（a）のように水粒子が整然と流れるとき，この流れを＿＿＿＿＿＿＿と呼ぶ。一方，流速がある値を超えて大きくなると，図（b）のように水粒子が乱れて渦を形成しながら流れるようになり，このような流れを＿＿＿＿＿＿＿と呼ぶ。

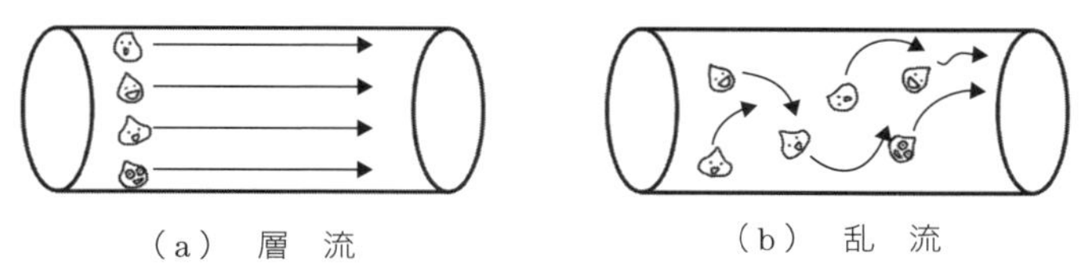

図 16.1　層流と乱流

層流・乱流の流れの状態を区別する指数に，**レイノルズ数** Re がある。円管路の場合のレイノルズ数 Re は次式で表される。

$$Re = \frac{dv}{\nu} \tag{16.1}$$

ここで，円管路の直径を d，平均流速を v，水の動粘性係数を ν（ニュー）とする（動粘性係数とは粘性係数 / 密度であり，速度の伝わりやすさの指標である）。

$Re \leqq 2\,000$ のとき**層流**，$2\,000 < Re < 4\,000$ は過渡（遷移）状態，$4\,000 < Re$ のときは**乱流**となる。

16-2.　粗 度 係 数 n

続いて**粗度**（そど）について学ぼう。例えば水道管をイメージしたとき，ボコボコ，ざらざらした壁面を持つ管路と，つるつる，すべすべした壁面の管路とは，どちらが摩擦が大きいだろうか？　このような水路の壁面や底面の粗さを**粗度係数** n で表す。粗度係数 n が大きいほど壁・底面は粗く摩擦は大きくなり，n が小さいほど滑らかで摩擦は小さくなる。例えば**表 16.1** に示すように，ガラスの粗度係数 n は＿＿＿＿＿＿＿＿＿＿であり，木材の粗度係数 n は＿＿＿＿＿＿＿＿＿＿となり，壁・底面の材質によって大きく異なることが分かる。粗度係数は水路底の形状と流れの状態によって決定され，本来次元を持つが，単位を付

表 16.1　さまざまな材質の粗度係数 n

管の材料と状態	粗度係数 n
新しい塩化ビニル管，ガラス	0.009 ～ 0.012
鋳鉄（新しい）	0.012 ～ 0.014
鋳鉄（きわめて古い）	0.018
木　材	0.010 ～ 0.018
コンクリート（滑らか）	0.011 ～ 0.014
コンクリート（粗い）	0.012 ～ 0.018

けない形で表記される。

16-3．　流積 A と潤辺 S，径深 R

ここで，水路の特徴を表す水理学用語をいくつか学んでみよう。水路内の水が流れる領域の面積を**流積** A と呼び，水が周囲の壁や底と接している領域の長さを**潤辺** S と呼ぶ。また，流積 A を潤辺 S で割ったものを**径深** R と呼び，水理学的平均水深とも呼ぶ。

$$径深\ R = \boxed{} \tag{16.2}$$

図 16.2 に示すような内径 d の円管路の場合，各値は下記になる。

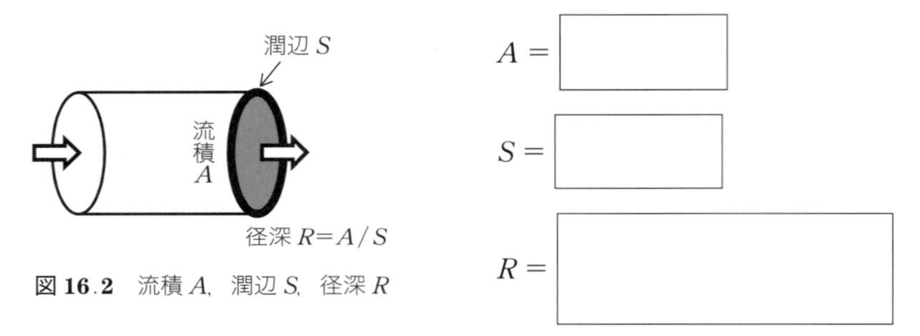

図 16.2　流積 A，潤辺 S，径深 R

16-4．　マニングの公式

粗度係数 n が大きいほど，水路の流速 v は＿＿＿＿＿＿なり，粗度係数 n が小さいほど，流速 v は＿＿＿＿＿＿なる。この粗度係数 n と水路の平均流速 v の関係を実験に基づき定式化したものが，**マニングの公式**である。

$$v = \frac{1}{n} R^{2/3} I^{1/2} \tag{16.3}$$

よく使うよ。

ここで，I は動水勾配を示し，流下距離 l とピエゾ水頭 h_p（位置水頭＋圧力水頭）の比であり，次式で表せる。

$$I = \boxed{\qquad\qquad} \tag{16.4}$$

16-5.　マニングの粗度係数と摩擦損失

ダルシー・ワイズバッハによる摩擦損失水頭 h_{f} は式（15.2）で表せた。

$$h_{\mathrm{f}} = f\frac{l}{d}\frac{v^2}{2g} \tag{15.2}$$

マニングの公式の両辺を 2 乗して，動水勾配を $I=\dfrac{h_{\mathrm{f}}}{l}$ とおくと

$$v^2 = \boxed{\qquad\qquad}$$

となり，これを摩擦損失水頭 h_{f} について解くと

$$h_{\mathrm{f}} = \frac{2gn^2}{R^{1/3}}\frac{l}{R}\frac{v^2}{2g}$$

となる。この式とダルシー・ワイズバッハの式とを比較すると，円管路（$R=d/4$）の場合の摩擦損失係数 f は次式で表せる。

$$f = \boxed{\qquad\qquad} \tag{16.5}$$

TRY　理解度チェック！

【1】 レイノルズ数 Re：

$$Re = \boxed{\qquad\qquad} \tag{16.1}$$

【2】 径深 R：

$$R = \boxed{\qquad\qquad} \tag{16.2}$$

【3】 マニングの公式：

$$v = \boxed{\qquad\qquad} \tag{16.3}$$

【4】 摩擦損失係数 f：

$$f = \boxed{\qquad\qquad} \tag{16.5}$$

TRY　練 習 問 題

【例題】 **問図 16.1** の水路の流積，潤辺，径深を求めよ。

☺解答☺

$A=0.60\times1.2=0.72\ \mathrm{m}^2$

$S=0.60\times2+1.2=2.4\ \mathrm{m}$

$R=\dfrac{A}{S}=0.30\ \mathrm{m}$

☺

$B=1.2\ \mathrm{m}$

$h=0.60\ \mathrm{m}$

$1.0\ \mathrm{m}$

問図 16.1　流積，潤辺，径深

【問 1】 直径 3.0 m，動水勾配 $I=1/900$ の管水路の平均流速（解答欄①）および流量（解答欄②）をマニングの公式を用いて求めよ。ただし $n=0.011$ とする。（MKS 単位系）

［計算欄］

【問 2】 内径 $d=4.0\times10^2$ mm，管の長さ $l=1.5\times10^3$ m の鋳鉄管を用いて流速 0.70 m/s で水を流すとき，摩擦損失水頭 h_f を求めよ。ただし $n=0.013$ とする。（MKS 単位系）（解答欄③）

［計算欄］

内径＝直径

	①	②	③
解答			
（単位）			

Lesson 17　形状損失水頭（管水路の流れ ③）

☺ 水路の形状でエネルギーが損失するよ ☺

17-1．形状損失水頭の種類

実在の管水路の流れにおいて，摩擦によるエネルギー損失について Lesson 16 で学んだ。今日は形状損失水頭について考えていこう。管水路が曲がっていたり，断面積が変化するなど，流速が急変し渦が発生するところでエネルギーが失われてしまう。そのような水路の形状に起因する損失水頭を＿＿＿＿＿＿＿＿＿＿と呼んだ。形状損失水頭には，**図 17.1** に示すように ① 流入（入口），② 方向変化（曲がりや屈折），③ 断面変化（急拡・急縮），④ 流出（出口）や弁による損失水頭がある。支配方程式はどれも似ている。順番に学んでいこう。

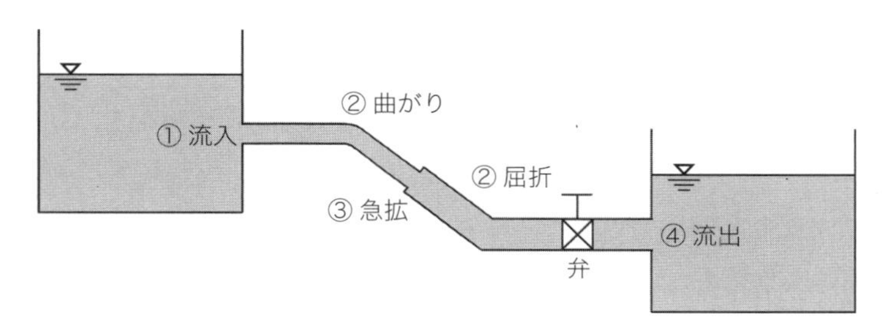

図 17.1　管水路の形状損失

17-2．流入による損失水頭 h_e

水槽などの大きな水域から管水路へ水が流入するとき，流積は入口で収縮しその後管全体に広がるため，渦が発生しエネルギーが失われる。このエネルギー損失を**流入損失水頭** h_e と呼ぶ。流入損失水頭は速度水頭に比例し，流入損失係数 f_e を用いて次式で表せる。

流入損失水頭：　$$h_e = f_e \frac{v^2}{2g} \tag{17.1}$$

流入損失係数 f_e は**表 17.1** に示すように，管の入口の形状によって異なり，ベルマウスが最も損失係数が小さくなる。

表 17.1　流入損失係数の値

角　端	突き出し	角とり	丸みつき	ベルマウス
$f_e = 0.5$	$f_e \fallingdotseq 1.0$	$f_e = 0.25$	$f_e = 0.1 \sim 0.2$	$f_e = 0.01 \sim 0.05$

17-3.　曲がり・屈折による損失水頭 h_b, h_{be}

管が曲がったり屈折したりするとき，すなわち流れる方向が変わるときもエネルギーが損失してしまう。**曲がりによる損失水頭** h_b および**屈折による損失水頭** h_{be} は次式で表せる。ここで，f_b は曲がり損失係数であり，f_{be} は屈折損失係数である。

曲がり損失水頭：　$h_b = f_b \dfrac{v^2}{2g}$　(17.2)

屈折損失水頭：　$h_{be} = f_{be} \dfrac{v^2}{2g}$　(17.3)

また，曲がり損失係数 f_b は，曲がりの角度や曲率半径，管径によって決まる。

17-4.　断面変化（急拡・急縮）による損失水頭 h_{se}, h_{sc}

管の内径が途中で変化する場合，すなわち断面変化による損失水頭は，① 急縮，② 急拡，③ 漸縮，④ 漸拡の 4 パターンが考えられる。**図 17.2**（a）に示すように急に管の断面が拡大するとき，拡大部で渦が発生してエネルギーが損失する。これを**急拡による損失水頭** h_{se} と呼び，急拡損失係数を f_{se} としたとき，次式で表せる。

急拡損失水頭：　$h_{se} = f_{se} \dfrac{{v_1}^2}{2g}$　(17.4)

ここで，v_1 は拡大前の細い管の平均流速である。f_{se} は次式で計算することができる。

$$f_{se} = \left(1 - \frac{A_1}{A_2}\right)^2 = \left\{1 - \left(\frac{d_1}{d_2}\right)^2\right\}^2$$

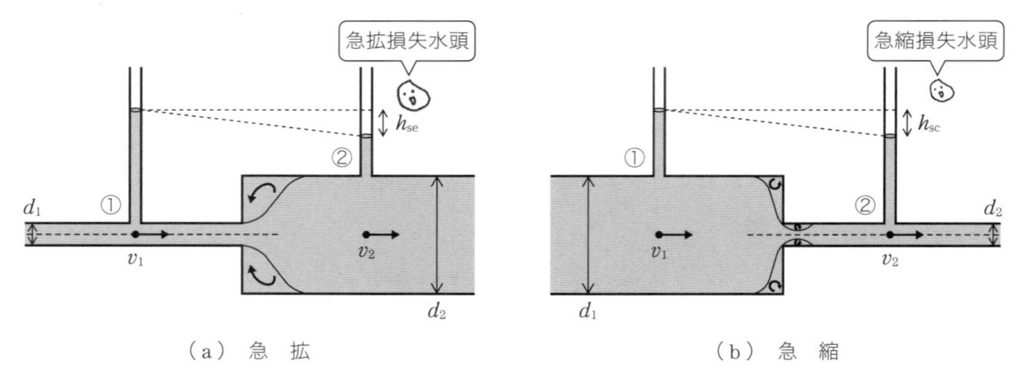

（a）　急　拡　　　（b）　急　縮

図 17.2　急拡・急縮による損失水頭

また，図（b）のように管の断面が急に縮小するときのエネルギー損失を**急縮による損失水頭** h_{sc} と呼び，急縮損失係数を f_{sc} としたとき，次式で表せる。

急縮損失水頭：　$h_{sc} = f_{sc} \dfrac{{v_2}^2}{2g}$　(17.5)

ここで，v_2 は縮小後の細い管の平均流速である。f_{sc} は実験的に求める必要がある。

17-5．流出による損失水頭 h_o

管水路から大きな水域へ流出する際もエネルギー損失が生じる。流出損失係数を f_o としたとき，**流出損失水頭** h_o は次式になる。

流出損失水頭：　$$h_o = f_o \frac{v^2}{2g} \qquad (17.6)$$

流出損失係数 f_o は，水中に流出する場合は通常 $f_o=1.0$ として計算する。

そのほか，漸縮，漸拡（徐々に縮小，拡大する管路），弁やバルブによる損失水頭も存在するが，基本式は同じで損失係数のみを変えれば OK である。

練　習　問　題

【例題】 **問図 17.1** のように管径 $d=3.0\times10^2$ mm の管水路からの水が，水槽の水中に流出するときに生じる流出損失水頭 h_o を SI で求めよ。ただし，流量を $4.0\times10^4\ \mathrm{cm^3/s}$ とする。

☺解答☺

水中へ流出する際の流出損失係数 $f_O=1.0$ を用いて

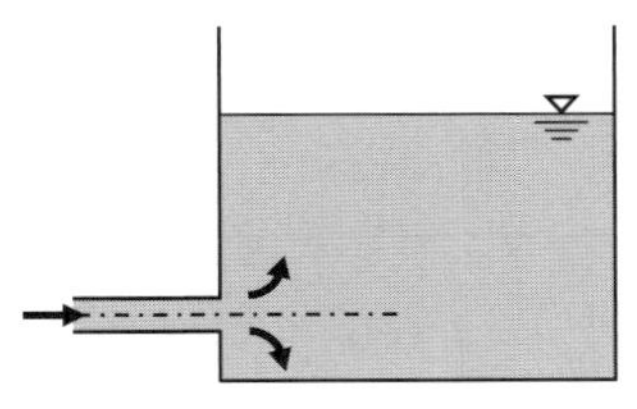

問図 17.1　流出損失水頭

$$v=\frac{Q}{A}=\frac{4.0\times10^4\ \mathrm{cm^3/s}}{\dfrac{\pi\times(3.00\times10^{2-1}\ \mathrm{cm})^2}{4}}$$

$$=\frac{4.0\times10^4\ \mathrm{cm^3/s}}{706.86\ \mathrm{cm^2}}=56.588\ \mathrm{cm/s}=0.566\ \mathrm{m/s}$$

$$h_o=f_o\frac{v^2}{2g}=1.0\times\frac{0.565\,88^2}{2\times9.80}=0.016\,3\ \mathrm{m}=1.6\ \mathrm{cm}$$ ☺

【問 1】 管径 200 mm の管が，中心角 45° で曲がっている。この管内を流量 $Q=0.50\ \mathrm{m^3/s}$ で流れるとき，つぎの設問に答えよ。（MKS 単位系）

（**1**）流積 A を求めよ。（解答欄①）

［計算欄］

（**2**）流速 v を求めよ。（解答欄②）

［計算欄］

（**3**）　f_{be}=0.18のとき，屈折による損失水頭h_{be}を求めよ。（解答欄③）

［計算欄］

【**問2**】　**問図17.2**について，つぎの設問に答えよ。（MKS単位系）

（**1**）　流積Aを求めよ。（解答欄④）

［計算欄］

（**2**）　流速vを求めよ。（解答欄⑤）

［計算欄］

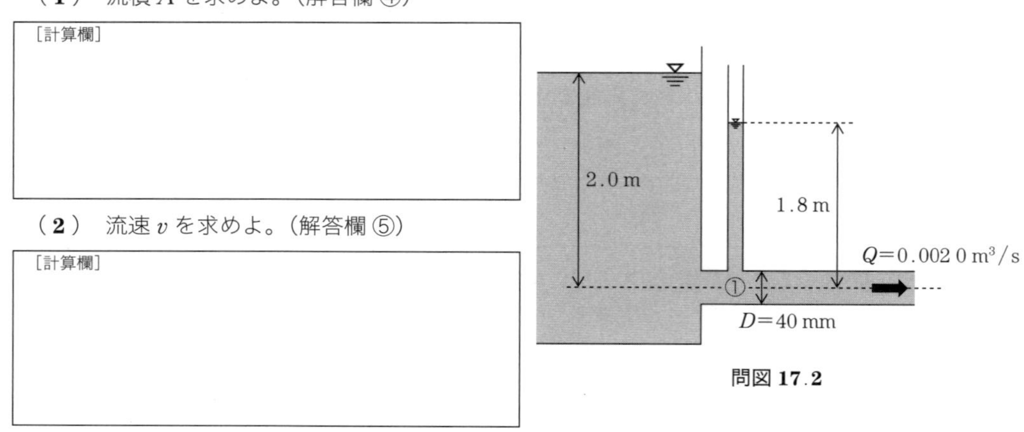

問図17.2

（**3**）　管の中心を基準面とし，ベルヌーイの定理を立てることにより，断面①の流入損失水頭h_eを求めよ。（解答欄⑥）

［計算欄］

	①	②	③	④	⑤	⑥
解答						
（単位）						

Lesson 18　水車とポンプ（管水路の流れ ④）

☺ 管水路の総集編 ☺

18-1.　単線管水路の損失水頭

管水路には摩擦損失水頭 h_f と形状損失水頭 h_l が働き，形状損失水頭は流入，曲がり・屈折，急拡・急縮，流出など水路の形状によって異なることを学んできた。今回は管水路の実例（水車とポンプ）について学んでいこう。

図 18.1 のように容積の大きな二つの水槽を 1 本の管路で結ぶ場合，このような水路を＿＿＿＿＿＿＿＿＿＿と呼ぶ。単線管水路中では摩擦損失水頭 h_f のほかに，さまざまな＿＿＿＿＿＿＿＿＿＿が生じる。

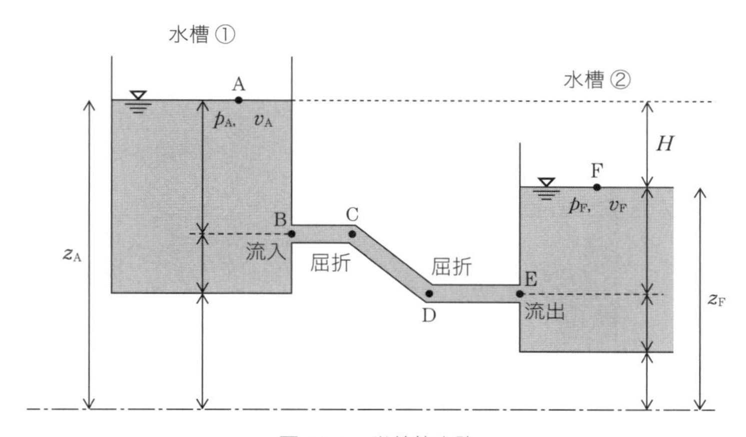

図 18.1　単線管水路

両水槽の水面 A-F 間でベルヌーイの定理は次式になる。

$$\frac{p_A}{\rho g}+z_A+\frac{{v_A}^2}{2g}=\frac{p_F}{\rho g}+z_F+\frac{{v_F}^2}{2g}+h_f+h_l$$

圧力 p_A，p_F は大気圧でゼロ，両水槽水面の流速 v_A，v_F は，水槽の容積が大きいため無視でき（Lesson 13），上式はつぎのようになる。

$$\boxed{\qquad\qquad} = \boxed{\qquad\qquad}$$

整理すると，$z_A-z_F=h_f+h_l$ となり，水槽 ① と水槽 ② の落差 H は $H=z_A-z_F$ より

$$\begin{aligned} H &= h_f(\text{摩擦損失水頭})+h_l(\text{形状損失水頭}) \\ &= f\frac{l}{d}\frac{v^2}{2g}+f_e\frac{v^2}{2g}+\sum f_{be}\frac{v^2}{2g}+f_o\frac{v^2}{2g} \\ &= \left(f\frac{l}{d}+f_e+\sum f_{be}+f_o\right)\frac{v^2}{2g} \qquad (18.1) \end{aligned}$$

摩擦 f＋流入 f_e ＋屈折 f_{be} の和＋流出 f_o

屈折 f_{be} は図 18.1 では 2 か所あるよ。状況に合わせて考えよう。

ここで，l は管路全長，d は管の内径，v は管内平均流速である。

また，式 (18.1) を整理することにより

$$\left.\begin{array}{l} v = \boxed{} \\ Q = \dfrac{\pi d^2}{4} v = \boxed{} \\ d = \boxed{} \end{array}\right\} \quad (18.2)$$

18-2.　水　　車

図 18.2 に示すように，高い位置にある貯水池 ① から，低い位置にある貯水池 ② に管路を使用して水を導き，その途中に設置した水車を回転させて発電に利用する。

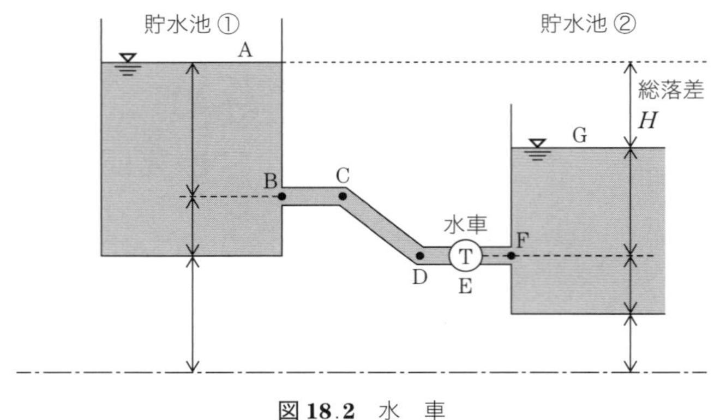

図 18.2　水　車

摩擦や形状損失によってエネルギーが失われるため，貯水池 ①－② 間の落差 H（**総落差**）がすべて発電に使われるわけではない。実際に水車を回転させるために使用される落差 H_e（**有効落差**）は，摩擦損失水頭 h_f や形状損失水頭 h_l の分だけ減り

$$H_e = \boxed{} \quad (18.3)$$

となる。

流量 Q の水が水車を回転させる場合，水がなす単位時間当りの動力（仕事量，**発電量**）P は，$P=\rho g Q H_e$ で表される（**理論出力**）。実際には水車内部に生じる損失があるので，水車の効率 η_e（イータ）そして発電機の効率 η_G を考慮すると，水車の実際の動力 P_G は

$$P_G = \rho g \eta_e \eta_G Q H_e = 9.8 \eta_0 Q H_e \quad \text{[単位は kW]} \quad (18.4)$$

ここで，$\eta=\eta_e\eta_G=\eta_0$ を総合効率と呼び，この一つの係数で計算することが多い。

18-3．ポ　ン　プ

マニングの粗度係数 n を用いると，摩擦損失係数 f は，次式で表された（Lesson 16）。

$$f = \boxed{} \tag{16.5}$$

図 18.3 のように，管水路の途中にポンプを設置して，低い位置の貯水池 ① の水を高い位置にある貯水池 ② に送ることを考える。

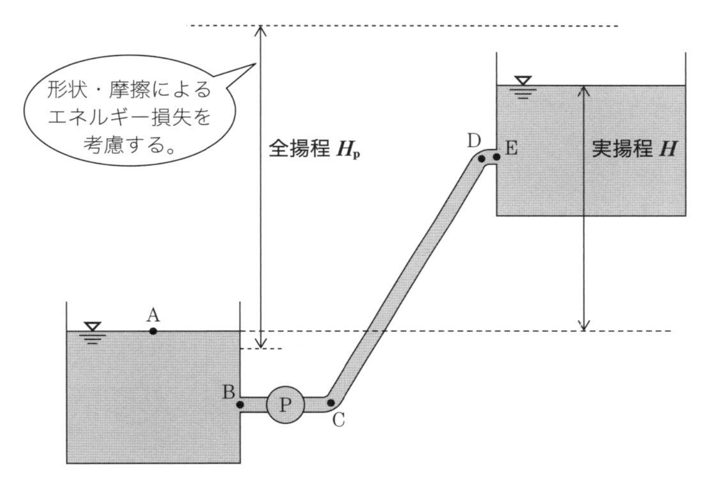

図 18.3　ポンプ

ポンプで水を上昇させる高さを，＿＿＿＿＿（両貯水池の水位差）と呼ぶが，管水路の摩擦・形状損失によりエネルギーが損失するため，ポンプからは実揚程以上のエネルギーで水を送り出さなければならない。そこで実際にポンプに要求される揚程を，＿＿＿＿＿と呼ぶ。

全揚程＝実揚程＋損失水頭（摩擦＋形状）

全揚程 H_p は，管内のエネルギー損失を考慮して，次式で表される。

$$H_p = \boxed{} \tag{18.5}$$

ポンプに要求される動力は理論的には，$S=\rho gQH_p$ で表される（水動力（みずどうりょく）と呼ぶ）。実際に必要な動力 S_p はポンプ内の損失分だけ水動力より大きくなる（軸動力と呼ぶ）。軸動力 S_p は，ポンプの効率 η_p(0.65 ～ 0.85) を考慮すると，下式で表せる。

$$S_p = \frac{9.8QH_p}{\eta_p} \quad [\text{単位は kW}] \tag{18.6}$$

練　習　問　題

【例題】 貯水池の落差が 40 m の場所で，内径 400 mm の鋳鉄管 50 m を水力発電に用いたい。流量を 1.5 m^3/s，水車の効率を 0.70，発電機の効率を 0.90，鋳鉄管の粗度係数 $n=0.012$，摩擦損失係数 f=0.024 のとき，発電量はいくらになるか。ただし，摩擦以外の損失水頭は無視するものとする。また，単位は SI とする。

☺ **解答** ☺

$$v = \frac{Q}{A} = \frac{1.5\,\mathrm{m^3/s}}{\dfrac{\pi(400\times10^{-3}\,\mathrm{m})^2}{4}} = 11.943\,\mathrm{m/s}$$

$$h_f = f\frac{l}{d}\frac{v^2}{2g} = 0.024\times\frac{50\,\mathrm{m}}{0.40\,\mathrm{m}}\times\frac{11.943^2\,(\mathrm{m/s})^2}{2\times9.8\,\mathrm{m/s^2}} = 21.83\,\mathrm{m}$$

$$H_e = 40-21.83 = 18.17\,\mathrm{m}$$

$$P = 9.8\eta_e\eta_G QH_e = 9.8\times0.7\times0.9\times1.50\times18.17 = 168.27\,\mathrm{kW} = 1.7\times10^2\,\mathrm{kW}$$ ☺

【問】 **問図 18.1** において，$f_e=0.30$，$f_b=0.20$，$f_o=1.0$，$n=0.015$，$d=20$ cm，$l_{BP}=10$ m，$l_{PC}=10$ m，$l_{CD}=70$ m，$l_{DE}=10$ m とし，水面が貯水池（左）の水面より 20 m 高い位置にある貯水池（右）へ流量 0.20 m^3/s で揚水する。このとき，ポンプに求められる水力 S_e を求めよ。ただし，ポンプの効率 $\eta_p=0.70$ とする。また，単位は SI とする。

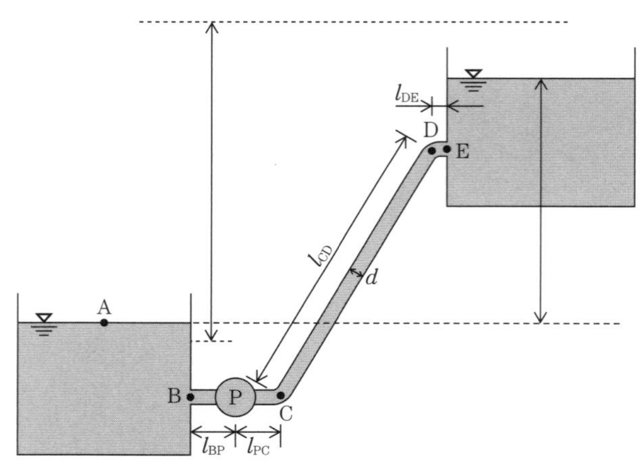

問図 18.1

（**1**）　摩擦損失係数 f を求めよ。(解答欄 ①)

［計算欄］

（2） 流速 v を求めよ。（解答欄 ②）

［計算欄］

（3） 損失水頭 $h_l + h_f$ を求めよ。（解答欄 ③）

［計算欄］

（4） ポンプに要求される揚程 H_p を求めよ。（解答欄 ④）

［計算欄］

（5） ポンプに必要な水力 S_e を求めよ。（解答欄 ⑤）

［計算欄］

	①	②	③	④	⑤
解答					
（単位）					

Exercises 3　管水路の流れ

☺「努力が効果を現すまでには時間がかかる。多くの人はそれまでに飽き，迷い，挫折する。」
（ヘンリー・フォード，実業家）☺

【E3.1】 **問図 E3.1** のように，管径 0.40 m の円管に流量 0.12 m^3/s の水が流れ，管の入口近くに設けたマノメーターの水位が 1.65 m であった。円管内側の摩擦は無視し，下記に答えよ。
（平成 29 年度大阪府職員採用試験 技術（大学卒程度）より）
（**1**）　管を流れる水の流速 v を求めよ。
（**2**）　流入損失水頭 h_e を求めよ。

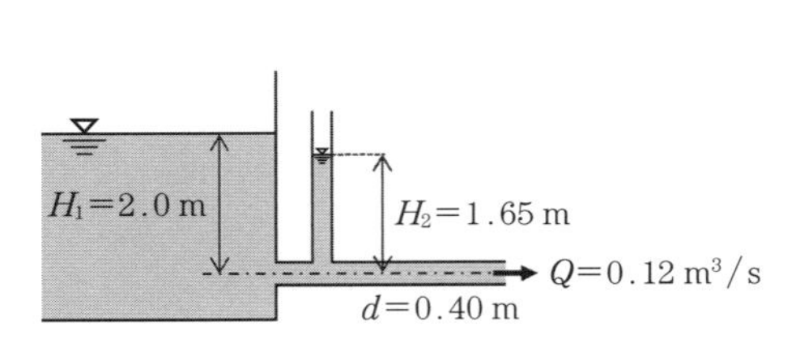

問図 E3.1　流入損失水頭

問図 E3.2　サイフォン

【E3.2】 単線管水路において，**問図 E3.2** のように水路が水面よりも高いところへ持ち上がった形状の水路を**サイフォン**と呼ぶ。図の点 B 付近では圧力水頭が最も低くなり，一度通水した後は，水槽の水面に働く大気圧により水が流れていく。サイフォンが機能する（水が流れ続ける）ためには，点 B での圧力水頭が**−8 m 以上**でなければならない。図のような管水路においてサイフォンが機能するかどうか，機能する場合の流量を求めよ。

ただし，水位差 H=8.0 m，管の直径 d=0.40 m，AB 間の距離 l_1=10 m，l_2=25 m，H_B=1.0 m，f_e=0.50，f_{be}=0.20，f_o=1.0，f=0.025 とせよ。
（**1**）　点 A，C 間でベルヌーイの定理を立て，管内の流速 v を求めよ。
（**2**）　点 A，B 間のベルヌーイの定理から，点 B の圧力水頭 $\dfrac{p_B}{\rho g}$ を求めサイフォンが作用するか調べよ。

【E3.3】 内径 500 mm の鋳鉄管 50 m を用いて，総落差 60 m の場所で水力発電を行いたい。流量を 0.80 m^3/s とし，水車の効率を 0.70，発電機の効率を 0.90 としたとき，発電力を求めよ。損失は摩擦だけとし，f=0.024 とせよ。

【E3.4】 内径 40 cm，長さ 700 m の管水路を用いて実揚程 40 m で水を送るとき，ポンプに必要な動力 S を求めよ。ただし，流量を 0.50 m^3/s，ポンプの効率 η_p=0.70，f_e=0.50，f_{be}=0.15 の屈折が 2 か所，弁の損失係数 f_v=0.055，f_o=1.0，f=0.030 とせよ。

第6章

開水路の流れ

開水路は河川などに代表される，大気と接する水面を持つ水路である。管水路と違い，降雨や風で水面が変動し，低いところから高いところへ水を流すことも難しい。開水路におけるエネルギーや常流・射流といった流れについて学んでいこう。

Lesson 19　比エネルギー（開水路の流れ ①）

☺ 開水路のエネルギーは比エネルギーで ☺

19-1．開水路の特徴

これまでは，上下水道に代表されるような密閉空間（管水路）の中の水理について学んできた。Lesson 19 以降では，例えば，河川や道路の側溝などの開水路（かいすいろ）について学んでいく。まず，開水路とは，下記の特徴を持つ水路を指す。

① 水面が＿＿＿＿＿＿＿に接している。
② 水面の＿＿＿＿＿＿＿＿＿は，流量，水路の断面形状によって上下する。

このような水面のことを，**自由水面**と呼ぶ。

流れの分類については Lesson 11 で一度学んだが，**表 19.1** に整理されるように時間的・空間的な変化があるかないかで分類を行う（空欄を埋めよう）。

表 19.1　開水路流れの分類

時間的な変化		空間的な変化	
な　し		な　し	
		あ　り	
あ　り		あ　り	

自然河川では，流量や流速，水深や勾配，地形などが複雑に変化するため，不定流であることが多いが，Lesson 19 では等流であると仮定して，基本的な理論・計算について学んでいこう。

19-2．比エネルギーと限界水深

水のエネルギーはベルヌーイの定理を用いて考えてきた。**図 19.1** のような開水路の断面 ① と ② でエネルギー損失はないものとしてベルヌーイの定理の式を立ててみると，次式になる。ただし，d_1 と d_2 は水路床（すいろしょう）から流心（りゅうしん）（流れの中心）までの高さである。

$$E' = \frac{v_1^{\ 2}}{2g} + z_1 + d_1 + \frac{p_1}{\rho g} = \frac{v_2^{\ 2}}{2g} + z_2 + d_2 + \frac{p_2}{\rho g}$$

流心までの高さ d と圧力水頭の和は水深 H と等しくなるので，上式は，つぎのようになる。

$$E' = \boxed{\qquad\qquad} = \boxed{\qquad\qquad}$$

開水路では水頭を考えるとき，基準面を水路床（河川だと河床（かしょう））に設定すると便利であ

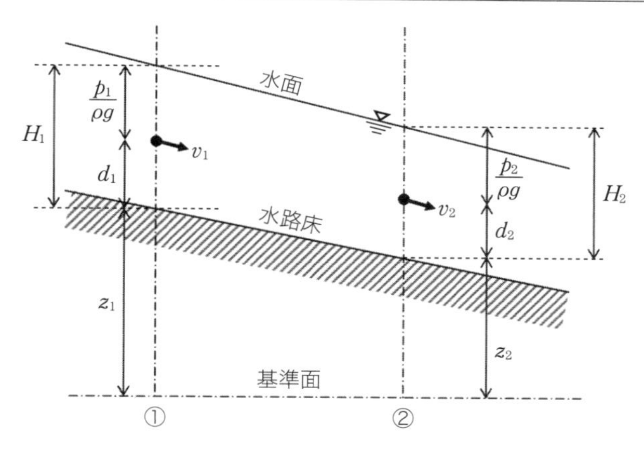

図 19.1　開水路と比エネルギー

る。そこで，$E'-z=\dfrac{v^2}{2g}+H$ を**比エネルギー** E として，開水路のエネルギーを考えていこう。比エネルギー E は，流量 Q，断面積 A を用いると

$$E=\frac{v^2}{2g}+H=\frac{1}{2g}\left(\frac{Q}{A}\right)^2+H=\frac{Q^2}{2gA^2}+H \tag{19.1}$$

水路幅 B，水深 H の長方形断面水路を考えると式 (19.1) は下式で表せる。

$$E=\boxed{} \tag{19.2}$$

流量 Q を一定値として式 (19.2) の E と H の関係をグラフに表すと，**図 19.2** に示すようなまるでブーメランのような形状になる。このブーメランの頂点（すなわち関数の極値点）の水深を＿＿＿＿＿＿＿＿＿＿と呼ぶ。**限界水深** H_c よりも上側の（水深が大きい）流れを＿＿＿＿＿＿＿といい，下側の（水深が小さい）流れを＿＿＿＿＿＿＿と呼ぶ。

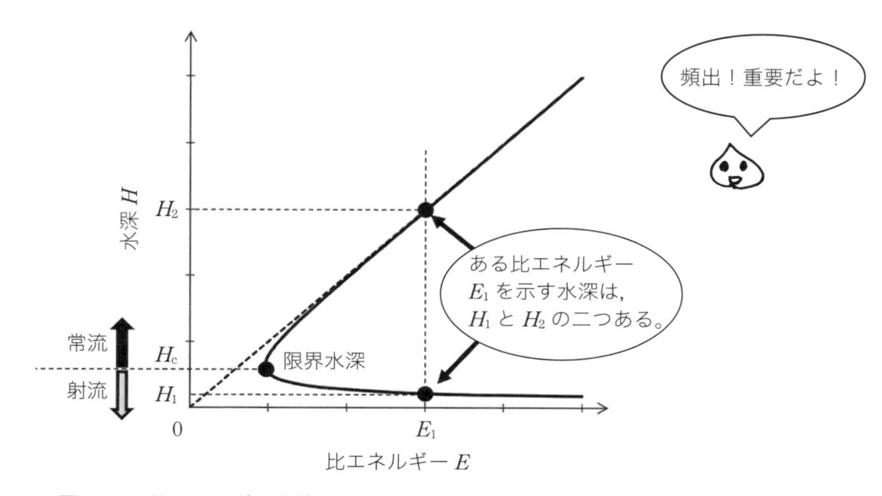

図 19.2　比エネルギー曲線と限界水深，常流・射流（E-H 曲線）

ここで，限界水深 H_c は比エネルギー E が最小となる条件で求められ，$dE/dH=0$ より

$$\frac{dE}{dH}=\boxed{}$$

で与えられ，E は次式のときに最小になる。

$$H_c=\boxed{} \tag{19.3}$$

この水深が＿＿＿＿＿＿＿＿＿である。

また，限界流速 v_c を求めてみると，$Q=Av_c=BH_cv_c$ より

$$H_c=\sqrt[3]{\frac{(BH_cv_c)^2}{gB^2}}=\sqrt[3]{\frac{H_c^2v_c^2}{g}}$$

$$H_c^3=\frac{H_c^2v_c^2}{g}$$

$$v_c=\boxed{} \tag{19.4}$$

である。この限界水深 H_c は，流量 Q を一定として，比エネルギーを最小とする水深である。このことを**ベスの定理**と呼ぶ。

TRY 理解度チェック！

【1】 比エネルギー E：

$$E=\boxed{} \tag{19.1}$$

【2】 限界水深 H_c：

$$H_c=\boxed{} \tag{19.3}$$

【3】 限界流速 v_c：

$$v_c=\boxed{} \tag{19.4}$$

【4】 ベスの定理：　＿＿＿＿＿＿＿が一定のとき，比エネルギー E が＿＿＿＿＿＿となるときの水深が，＿＿＿＿＿＿＿＿である。

練　習　問　題

【例題】 問図 **19.1** のような水路に流量 1.0×10^3 L/s の水を流したときの限界水深 H_c と限界流速 v_c を求めよ。（MKS 単位系）

☺ 解答 ☺

$$Q=1.0\times10^3\ \mathrm{L/s}=1.0\ \mathrm{m^3/s}$$

$$H_c=\sqrt[3]{\frac{Q^2}{gB^2}}=\sqrt[3]{\frac{1.0^2}{9.8\times5.0^2}}=0.159\,8\ \mathrm{m}=0.16\ \mathrm{m}$$

$$v_c=\sqrt{gH_c}=\sqrt[3]{\frac{Qg}{B}}=\sqrt[3]{\frac{1.0\times9.8}{5.0}}=1.25\ \mathrm{m/s}=1.3\ \mathrm{m/s}$$ ☺

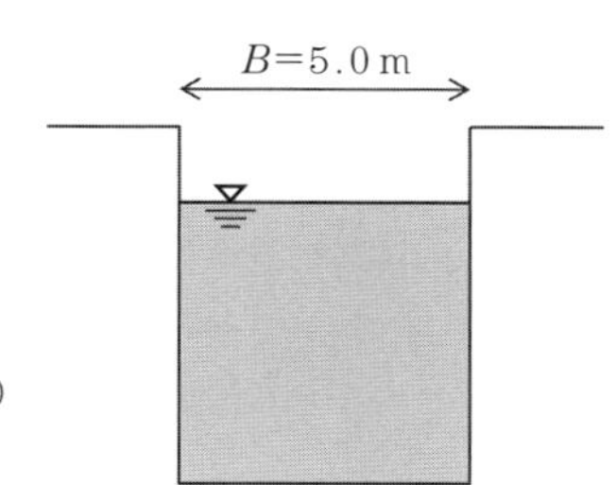

問図 **19.1**　水路の限界水深

【問】 問図 **19.2** のような長方形断面水路で，流量 $8.0\ \mathrm{m^3/s}$ の水が流れているときの，限界水深 H_c と限界流速 v_c，比エネルギー E_c を求めよ。（MKS 単位）

（**1**）　限界水深 H_c（解答欄 ①）

［計算欄］

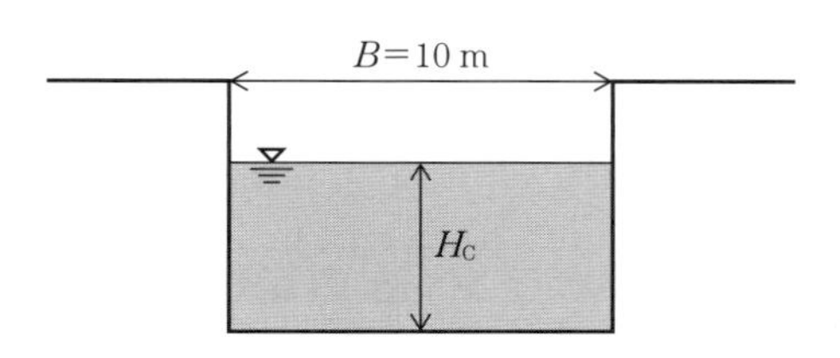

問図 **19.2**　長方形断面水路の限界水深

（**2**）　限界流速 v_c（解答欄 ②）

［計算欄］

（**3**）　比エネルギー E_c（解答欄 ③）

［計算欄］

	①	②	③
解答			
（単位）			

Lesson 20　常流・射流・フルード数（開水路の流れ②）

☺ その流れは常流？　射流？ ☺

20-1．ベスの定理

まずは復習！　水路幅 B，水深 H の長方形断面水路における比エネルギー E は，次式で表せた。

$$E = \boxed{} \tag{19.2}$$

比エネルギー E が最小となるときの水深（＿＿＿＿＿＿＿＿）は，$dE/dH=0$ より，次式で表せた。

$$H_c = \boxed{} \tag{19.3}$$

E_c はある流量 Q を流すために必要な最小の比エネルギーで，そのときの水深が限界水深 H_c である。これを＿＿＿＿＿＿＿＿と呼ぶ。今日はもう一つの限界水深の考え方（ベランジェの定理）について学んでみよう。

20-2．ベランジェの定理

比エネルギー E を一定にし，流量 Q を最大（$dQ/dH=0$）にする水深を考えてみよう。式（19.1）より

$$Q^2 = 2gB^2H^2(E-H)$$

$$\frac{dQ}{dH} = \sqrt{2gB^2(E-H)} - \frac{gB^2H}{\sqrt{2gB^2(E-H)}} = 0$$

$$2gB^2(E-H) - gB^2H = 0 \qquad \therefore H_c = \frac{2}{3}E_c$$

したがって，上式を満たす水深＝限界水深 H_c は，次式になる。

$$H_c = \frac{2}{3}E_c = \boxed{} \tag{20.1}$$

つまり限界水深 H_c は，比エネルギー E が一定のとき，最大の流量 Q を流す水深でもあり，これを**ベランジェの定理**という。

20-3．フルード数と常流・射流

比エネルギー E が一定のとき，Q と H の関係式を図にすると，**図 20.1** のような Q-H 曲線が得られる。図のように，E＝一定では，水深が限界水深 H_c より大きい場合（**常流水深**）と，小さい場合（**射流水深**）とで流れが区別される。

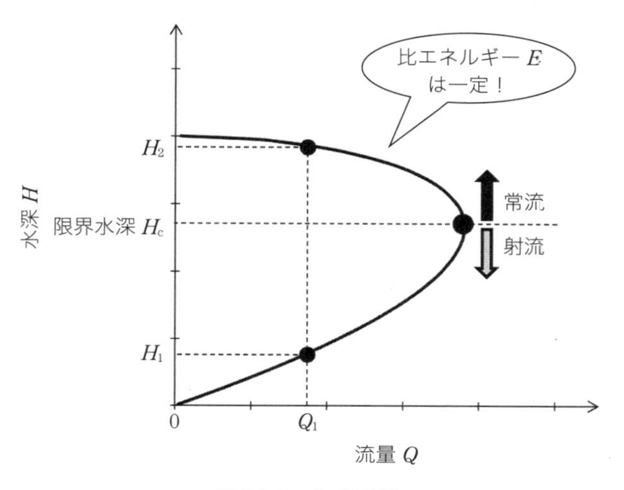

図 20.1　Q-H 曲線

> H ＿＿ H_c　のとき，H を常流水深，その流れを＿＿＿＿＿と呼び，
> H ＿＿ H_c　のとき，H を射流水深，その流れを＿＿＿＿＿と呼ぶ。

常流と**射流**を判断するための無次元量に，**フルード数** Fr がある。フルード数は長波（波長が水深よりも非常に大きい波）の伝搬速度 $\sqrt{gH}$ と速度 v の比で与えられる。

フルード数：$Fr=$ [　　　　]　(20.2)

水深 H が限界水深 H_c となったときのフルード数 Fr_c は，限界流速 $v_c=\sqrt{gH_c}$（式 (19.4)）より

限界水深でのフルード数：$Fr_c = \dfrac{v_c}{\sqrt{gH_c}} =$ [　　　　]

このときの流れを**限界流**と呼ぶ。

開水路の流れが，「常流か射流かの判定」は，＿＿＿＿＿＿＿と＿＿＿＿＿＿＿＿を計算することにより行われる。

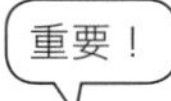

> 水深 $H > H_c$ のとき，フルード数 $Fr < 1$ となり，流れは常流
> 水深 $H = H_c$ のとき，フルード数 $Fr = 1$ となり，流れは限界流
> 水深 $H < H_c$ のとき，フルード数 $Fr > 1$ となり，流れは射流

TRY 理解度チェック！

【1】 限界水深 H_c とそのときの比エネルギー E_c の関係：

$$H_c = \frac{2}{3}E_c = \boxed{} \tag{20.1}$$

【2】 フルード数 Fr：

$$Fr = \boxed{} \tag{20.2}$$

【3】 開水路の流れが「常流か射流かの判定」：

> 水深 H ＿＿ H_c のとき，フルード数 Fr ＿＿ 1 となり，流れは＿＿＿＿
> 水深 H ＿＿ H_c のとき，フルード数 Fr ＿＿ 1 となり，流れは＿＿＿＿
> 水深 H ＿＿ H_c のとき，フルード数 Fr ＿＿ 1 となり，流れは＿＿＿＿

TRY 練　習　問　題

【例題】 幅 10 m の広幅長方形断面の水路に 1.2 m^3/s の流量の水が 30 cm/s の流速で流れている。この流れは常流か，射流か判定せよ。

☺ 解答 ☺

$Q = vA$ より，水深を h とすると $Q = v \times 10 \times h$ なので

$$h = \frac{Q}{v \times 10} = \frac{1.2}{0.30 \times 10} = 0.40\ \mathrm{m}$$

フルード数 Fr を求めると

$$Fr = \frac{v}{\sqrt{gh}} = \frac{0.30}{\sqrt{9.8 \times 0.40}} = 0.15 < 1$$

フルード数 $Fr < 1$ より，流れは常流である。 ☺

【問】 **問図 20.1** のような長方形断面水路に流量 20 m^3/s の水を流すとき，常流の状態で流し続けるには，水路床勾配 I をいくらにすればよいか求めよ。ただし，粗度係数 $n = 0.016$ とする。（MKS 単位系）

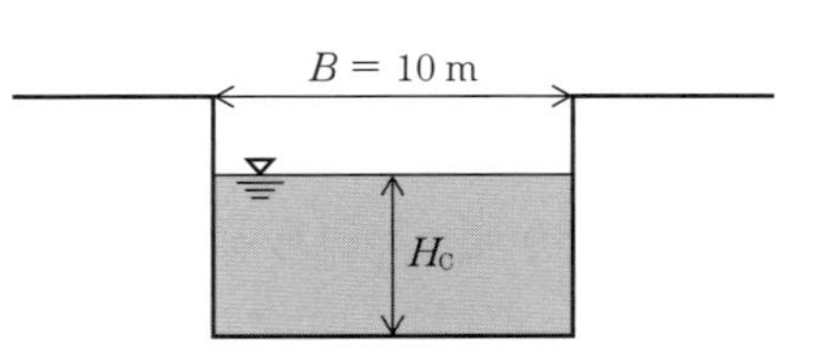

問図 20.1 長方形断面水路

（1） 限界水深 H_C を求めよ。（解答欄 ①）

［計算欄］

（2） 限界流の潤辺 S と径深 R を求めよ。（解答欄 ②，③）

［計算欄］

（3） マニングの公式を用いて水路床勾配 I を求めよ。（解答欄 ④）

［計算欄］

	①	②	③	④
解答				
（単位）				

Lesson 21　平均流速公式（開水路の流れ ③）

☺ なるべくロスの少ない水路を設計しよう ☺

21-1．平均流速公式

開水路の流れのうち，空間的にも時間的にも変化のない流れを＿＿＿＿＿＿＿と呼んだ。この等流について流速や流量，水路の形状などについて考えていこう。水路の平均流速を求めるには，マニングの公式が用いられる。

$$v = \boxed{} \tag{16.3}$$

マニングの公式を用いて，流量を表すと

$$Q = \boxed{} \tag{21.1}$$

ここで，n：粗度係数，R：径深，A：流積，I：水面勾配とする。実際の現場では水面勾配を精度よく測定することは困難なので，等流では水面勾配と水路床勾配は同じものと扱って計算を進める。

また，平均流速公式は多くの研究者により考案されており，なかでも古いものが**シェジーの公式**である。シェジーの公式はシェジーの流量係数 C，径深 R，水面勾配 I（管水路では動水勾配）を用いて，次式で表せる。

シェジーの公式：　$v = C\sqrt{RI}$　(21.2)

この流量係数 C は各種の実験によって求められ，代表的なものにつぎのクッターの公式やバザンの公式がある。

クッターの公式：
$$C = \frac{23 + \dfrac{1}{n} + \dfrac{0.001\,55}{I}}{1 + \left(23 + \dfrac{0.001\,55}{I}\right)\dfrac{n}{\sqrt{R}}} \tag{21.3}$$

ただし，n は粗度係数（表 16.1 参照）である。

バザンの公式：
$$C = \frac{87}{1 + \dfrac{r}{\sqrt{R}}} \tag{21.4}$$

ただし，r は水路壁の粗度係数である（**表 21.1**）。

表 21.1　水路壁の粗度係数 r

水路壁の性質	r
滑らかな板	0.06
粗い板，切石，れんが	0.16
抵抗大の土砂水路	1.75

平均流速公式は種々の係数を用いるが，単位系に注意して計算を進めないと大幅な計算ミスとなってしまう。現場で頻繁に用いる単位系は MKS 単位系や SI であり，単位の取り扱いにくれぐれも注意してほしい。

21-2．台形断面水路の径深 R

図 21.1 に示すような台形断面水路について，流積 A，潤辺 S，径深 R を求めてみよう。両側壁の勾配（法面（のりめん）勾配）は，縦の長さ 1 に対して横がどのくらいか，で表す。

水面幅 B：　$B=b+2mH$

流積 A：　$A=(b+mH)H$　　(21.5)

潤辺 S：　$S=b+2H\sqrt{1+m^2}$　　(21.6)

径深 R：　$R=\dfrac{A}{S}=\dfrac{(b+mH)H}{b+2H\sqrt{1+m^2}}$

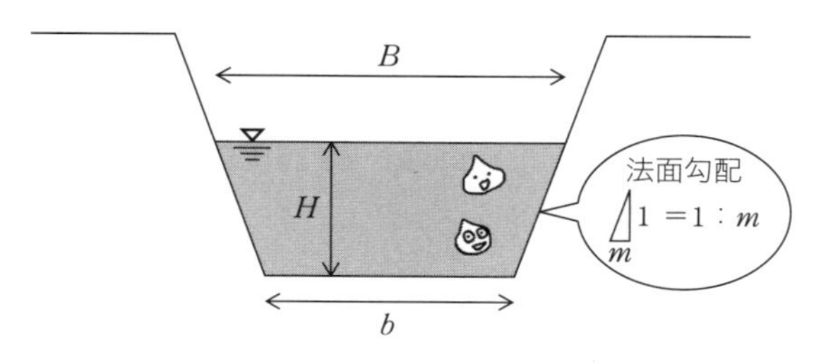

図 21.1　台形断面水路

21-3．水理学上有利な断面

水路の断面形状（流積 A）や特徴（粗度係数 n や水路床勾配 I）に，ある一定の条件が与えられた場合に，最大流量を流すような断面を**水理学上の最良断面**という。流量 Q を最大にするためには，マニングの公式 $Q=\dfrac{1}{n}AR^{2/3}I^{1/2}$ から，＿＿＿＿＿＿を最大にすればよく，径深 $R=\dfrac{A}{S}$ を大きくするためには，＿＿＿＿＿＿を最小にすればよい。潤辺が最小になる断面は円形断面になり，台形や長方形断面水路を設計する場合もなるべく円に近い形にするのが有利になる。台形断面水路の水理学上最良断面を考えてみよう。流積 A の式 (21.5) を変形すると

$$b=\frac{A}{H}-mH$$

となる。これを潤辺 S の式 (21.6) に代入すると

$$S=\frac{A}{H}-mH+2H\sqrt{1+m^2}$$

となる。ここで，m を一定とすると，$dS/dH=0$ より，S を最小にする H が求まる。

$$\frac{dS}{dH}=-\frac{A}{H^2}-m+2\sqrt{1+m^2}=0$$

$$H^2=\frac{A}{2\sqrt{1+m^2}-m}$$

よって，水理学上の最良な台形断面水路の条件は，次式のようになる。

$$\left.\begin{aligned} A &= (2\sqrt{1+m^2}-m)H^2 \\ S &= 2H(2\sqrt{1+m^2}-m) \\ R &= \frac{H}{2} \end{aligned}\right\} \tag{21.7}$$

21-4．不等流計算

開水路でも管水路と同様に，摩擦による損失水頭や，断面形状の変化，堰などの障害物により損失水頭が生じる。これらのエネルギー損失は，水位の変化として現れてくる。

例えば，摩擦損失水頭は，摩擦損失係数 f'，径深 R を用いて

$$h_{\mathrm{f}} = f' \frac{l}{R} \frac{v^2}{2g}$$

と表せる。また摩擦損失係数 f' はマニングの公式を用いて，$f' = \dfrac{2gn^2}{R^{1/3}}$ と表せる。

TRY 理解度チェック！

【1】 平均流速公式

・マニングの公式：　$v =$ 　　　　(16.3)

・シェジーの公式：　$v =$ 　　　　(21.2)

・クッターの公式：　$C =$ 　　　　(21.3)

【2】 水理学上の最良な台形断面水路の条件：

$A =$

$S =$ 　　　　(21.7)

$R =$

TRY 練 習 問 題

【例題 1】 **問図 21.1** のような台形断面水路において，粗度係数 $n=0.016$，水面勾配 $I=1/1\,000$ のとき，流積 A，潤辺 S，径深 R，流量 Q を求めよ。

☺解答☺

まずは流積 A，潤辺 S を求める。

$$A = (b+mH)H = (10+3\times2)\times2 = 32\ \mathrm{m}^2$$

$$S = b+2H\sqrt{1+m^2} = 10+2\times2\times\sqrt{1+3^2}$$

$$= 22.65\ \mathrm{m}$$

$$= 23\ \mathrm{m}$$

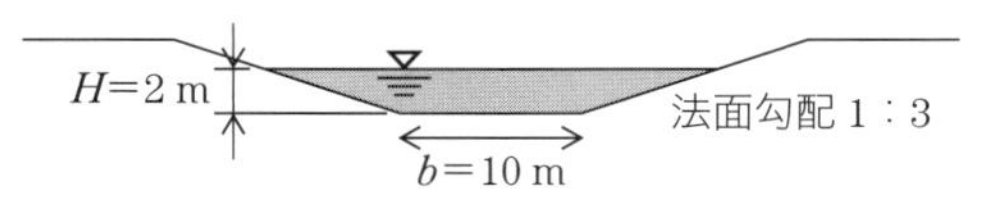

問図 21.1　台形断面水路

径深 R は，$R = \dfrac{A}{S} = \dfrac{32}{22.65} = 1.41\ \mathrm{m} = 1.4\ \mathrm{m}$

流量 Q は，$Q = \dfrac{1}{n}AR^{2/3}I^{1/2} = \dfrac{1}{0.016}\times32\times(1.41)^{2/3}\times\left(\dfrac{1}{1\,000}\right)^{1/2} = 79.5\ \mathrm{m^3/s} = 80\ \mathrm{m^3/s}$　☺

【例題 2】 直径 1.00 m，動水勾配 $I=1/900$ の管水路（$n=0.013\,0$）の平均流速を，マニングの公式，クッターの公式を用いて求めよ。

☺解答☺

・マニングの公式による計算

$$v = \frac{1}{n}R^{2/3}I^{1/2} = \frac{1}{0.013\,0}\left(\frac{1.00}{4}\right)^{2/3}\left(\frac{1}{900}\right)^{1/2} = 76.92\times0.397\times\frac{1}{30} = 1.02\ \mathrm{m/s}$$

・クッターの公式による計算

$$C = \frac{23+\dfrac{1}{0.013\,0}+0.001\,55\times900}{1+(23+0.001\,55\times900)\dfrac{0.013\,0}{\sqrt{0.25}}} = \frac{101.3}{1.63} = 62.15$$

$$v = C\sqrt{RI} = 62.15\times\sqrt{0.25}\times\frac{1}{30} = 1.04\ \mathrm{m/s}$$　☺

クッターの公式とマニングの公式，ほぼ近しい値が得られる。

【1】 **問図 21.2** のような台形断面水路において，粗度係数 $n=0.016$ のとき，流量 $30\ \mathrm{m^3/s}$ の水を流すためには水面勾配 I をいくらにすればよいか。

（1）流積 A，潤辺 S，径深 R を求めよ。（解答欄 ①，②，③）

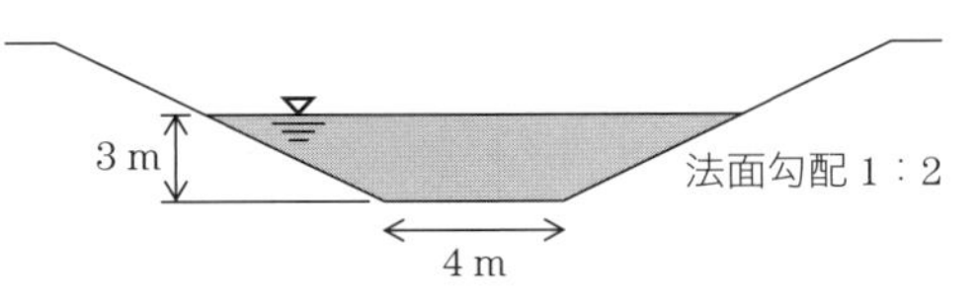

問図 21.2　台形断面水路

（**2**） マニングの公式から水面勾配 I を求めよ。（解答欄 ④）

［計算欄］

【**2**】 **問図 21.3** のような台形断面水路において，流量 $Q=40\,\mathrm{m^3/s}$ の水を流すとき，水理学上の最良断面を考える。水面勾配 $I=1/1\,600$，粗度係数 $n=0.013$，法面勾配を 1：1 とし，下記の値を求めよ。（MKS 単位系）

（**1**） 流積 A を水深 H の式で表せ。

［計算欄］

問図 21.3 台形断面水路

（**2**）（**1**）の式をマニングの公式に代入し，水深 H を求めよ。（解答欄 ⑤）

［計算欄］

（**3**） 流積 A を求めよ。（解答欄 ⑥）

［計算欄］

	①	②	③	④	⑤	⑥
解答						
（単位）						

Exercises 4　開水路の流れ

☺「本当のことを知りたければ，経験を積まないといけない。それは試練だが，その先には真実がある」
（アルバート・アインシュタイン，理論物理学者）☺

【E4.1】　**問図 E4.1** のような幅 $B=10$ m，水深 $H=1.2$ m の長方形断面の開水路に流量 $Q=8.0\,\mathrm{m^3/s}$ の水が流れている場合に，以下の設問に答えよ。
（平成 29 年度大阪府職員採用試験 技術（大学卒程度）より）

（**1**）　流速 v を求めよ。

（**2**）　フルード数 Fr を求め，その結果から流れの状態を判定せよ。

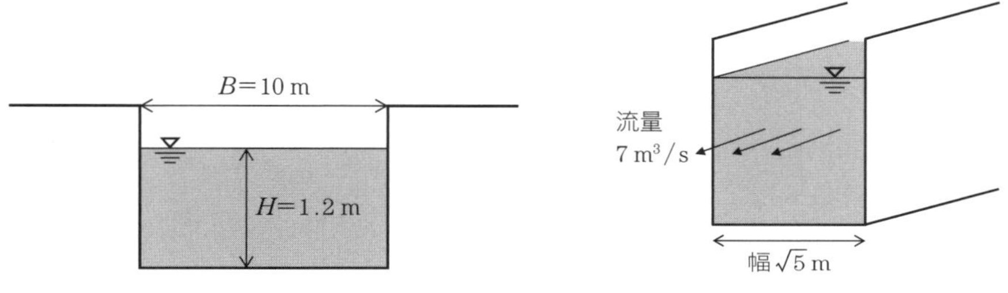

問図 E4.1　長方形断面水路　　**問図 E4.2**　長方形断面水路

【E4.2】　**問図 E4.2** のような，幅 $\sqrt{5}$ m の長方形断面の水路に，流量 $7\,\mathrm{m^3/s}$ の水が流れているとき，この流れの限界水深および比エネルギーの最小値を求めよ。（平成 27 年度東京都職員採用試験 1 類 A より）

【E4.3】　**問図 E4.3** の曲線は長方形断面水路の等流の流れにおいて，流量を一定としたときの，水深 H と比エネルギー E の関係を表している。図のア～ウに当てはまる言葉を書け。（公務員試験類題）

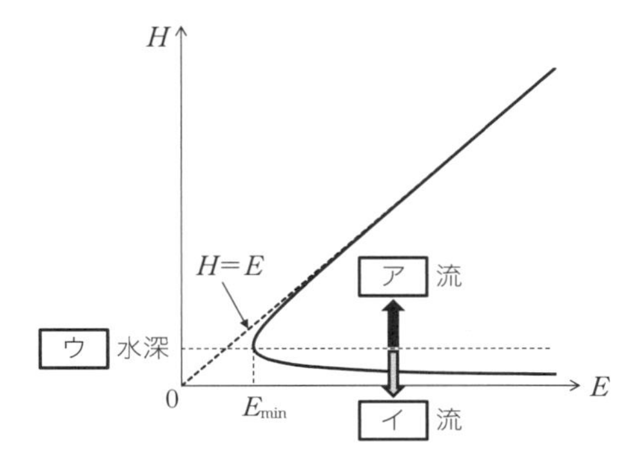

問図 E4.3　比エネルギー曲線

【E4.4】 **問図 E4.4** のような幅4m，水路勾配1/400の長方形断面水路に，水深2m，流速3.0m/sで水が等流で流れているとき，この水路のマニングの粗度係数はいくらか。（公務員試験類題）

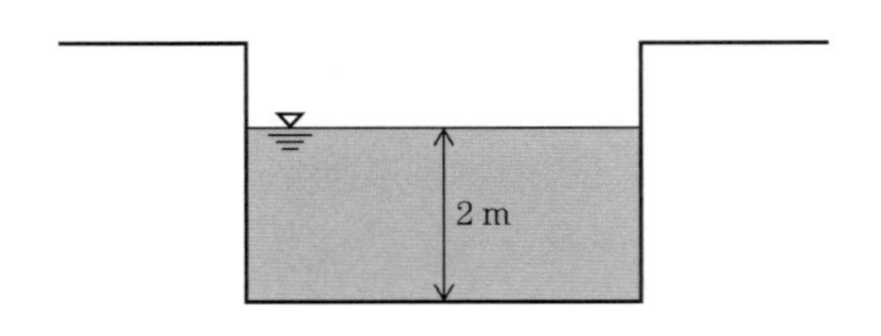

問図 E4.4　長方形断面水路

参考文献

☺ いろいろと読んでみてね ☺

☺さらに学習を進めたい方へ おすすめの水理学の教科書

1) 禰津家久，冨永晃宏：水理学，朝倉書店（2000 年）
2) 粟津清蔵 監修，國澤正和・西田秀行・福山和夫 共著：絵とき 水理学（改訂 3 版），オーム社（2014 年）
3) 岡澤宏・中桐貴生 共編，竹下伸一・長坂貞郎・藤川智紀・山本忠男 共著：基礎から学ぶ水理学，理工図書（2017 年）
4) 玉井信行・有田正光 共編，浅枝隆・有田正光・池谷毅・佐藤大作・玉井信行 共著：大学土木 水理学（改訂 2 版），オーム社（2014 年）
5) 吉岡幸男：水理学の基礎（図解土木講座）（第二版），技報堂出版（2000 年）
6) PEL 編集委員会 監修，神田佳一 編著：Professional Engineer Library 水理学，実教出版（2016 年）
7) 二瓶泰雄，宮本仁志，横山勝英，仲吉信人：土木の基礎固め 水理学，講談社（2017 年）

☺公務員試験問題

・北海道職員採用試験情報　http://www.pref.hokkaido.lg.jp/hj/nny/saiyoushiken2.htm
・東京都職員採用試験問題　http://www.saiyou2.metro.tokyo.jp/pc/selection/answer/
・横浜市職員採用情報　http://www.city.yokohama.lg.jp/jinji/saiyou.html
・愛知県職員採用試験問題　http://www.pref.aichi.jp/jinji/syokuin/examination/reidai.html
・大阪府職員採用試験問題　http://www.pref.osaka.lg.jp/jinji-i/saiyo/list8219.html

水理学の教科書・演習書は良書がたくさんありますが，なかでも私がよく手にする書籍を挙げてみました。1）は水理学の神髄を味わえる本で，数式に慣れてきたらぜひ読んでみてください。2 ～ 7）は基礎固めからしっかり学べる本ばかりですが，特に 2）はその名のとおり，絵や図説がしっかりしており，また見開き 2 ページで完結するように工夫されており，非常にわかりやすいです。3）は本書と同じく B5 サイズで，基礎からしっかり説明され，「ここ，知りたかった！」というポイントが随所にちりばめられており，勉強になります。4 ～ 7）も初心者からしっかり学べる内容で，7）は章の冒頭に学ぶ意義として，現場での実用例が掲載されていたり，カラー図・写真があったり，イメージをつかみやすい良書です。ぜひたくさん読んでみてください。

Exercises の解答

☺ しっかり繰り返そう！ ☺

Exercises 1　静　水　圧

【E1.1】　全静水圧（Lesson 6 参照）

$$h_G = 6.00 + \frac{2.00}{2} = 7.00\ \text{m}$$

$$h_C = h_G + \frac{I_0}{h_G A} \tag{6.3}$$

$$= 7.00\ \text{m} + \frac{\dfrac{4.00 \times 2.00^3}{12}}{7.00\ \text{m} \times 2.00 \times 4.00\ \text{m}^2}$$

$$= 7.00 + \frac{1}{21}$$

$$= 7.0476\cdots$$

$$= 7.05\ \text{m}$$

【E1.2】　マノメーター（Lesson 4 参照）

Lesson 4 で学んだマノメーターだが，この問題では水銀も入っている。水銀は水よりも重く，比重が異なるため上昇する高さも変わってくる。その点に注意しよう。

$$P = \rho g h + \rho' g h'$$

$$= 1\,000\ \text{kg/m}^3 \times 9.8\ \text{m/s}^2 \times 2.8\ \text{m} + 13.6 \times 1\,000\ \text{kg/m}^3 \times 9.8\ \text{m/s}^2 \times 0.5\ \text{m}$$

$$= 9.8\ \text{kN/m}^2 \times 2.8 + 13.6\ \text{kN/m}^2 \times 9.8 \times 0.5$$

$$= 27.44 + 66.64$$

$$= 94.08\ \text{kPa}$$

$$= 9.4 \times 10\ \text{kPa}$$

【E1.3】　上部に壁があるラジアルゲート（Lesson 8 参照）

この問題は，Lesson 8 の例題や練習問題と違って，ゲートの上に板（AD 部分）が載っている。あくまでゲートに働く全静水圧を求める問題なので，円弧部分にかかる全静水圧を考える。まずは，投影面積 A_x を描いてみよう（**解図 E1.3.1**）。これが描ければ，あとは公式にあてはめていけるだろう。

$$A_x = 2.0 \times 2.0 = 4.0\ \text{m}^2$$

$$h_G = h_1 + \frac{1}{2} h_2 = 2.0\ \text{m}$$

式 (8.1) より

$$P_x = \rho g h_G \cdot A_x = 9.8\ \text{kN/m}^3 \times 2\ \text{m} \times 4\ \text{m}^2$$

$$= 78.4\ \text{kN} = 7.8 \times 10\ \text{kN}$$

$$V = 10.28\ \text{m}^3$$

$$P_z = \rho g V = 100.7\ \text{kN} = 1.0 \times 10^2\ \text{kN}$$

$$P = \sqrt{P_x^2 + P_z^2} = 127.6\ \text{kN} = 1.3 \times 10^2\ \text{kN}$$

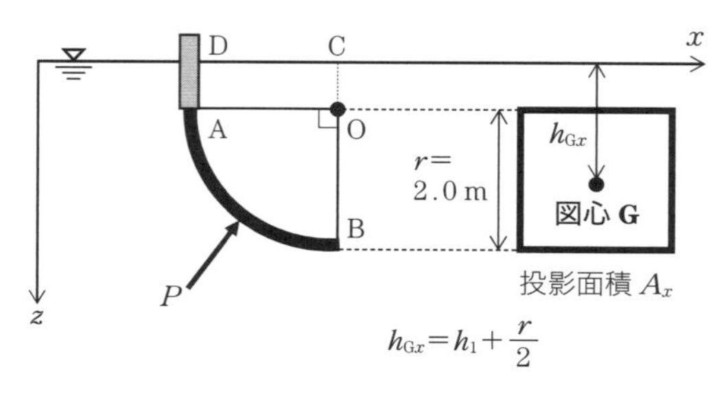

解図 E1.3.1

$$h_C = h_G + \frac{I_{0x}}{h_G A_x} = 2 + \frac{\frac{1}{12}\times 2\times 2^3}{2\times 4} = 2.17\,\mathrm{m} = 2.2\,\mathrm{m}$$

$P_x(h_C - h_1) - P_z x_C = 0$ より

$$78.4\times(2.17-1.0) - 100.7\times x_C = 0 \qquad \therefore x_C = 0.91\,\mathrm{m}$$

$\tan\alpha = \frac{P_z}{P_x}$ より

$$\alpha = \tan^{-1} 1.284 = 52.1°$$

【E1.4】 内側に水が入ったラジアルゲート（Lesson 8 参照）

今度はゲートの外側ではなく，内側に水が入っているため，P_z の作用する向きは【E1.3】の問題や Lesson 8 内で解いた問題と逆方向になる。その点だけ注意して解いてみよう。

$$P_x = \rho g h_G A_x$$
$$= 9.8\,\mathrm{kN/m^3}\times\frac{3.0}{2}\times 4.5\times 3.0$$
$$= 198.5\,\mathrm{kN} = 1.98\times 10^2\,\mathrm{kN}$$

$$h_{Cx} = h_{Gx} + \frac{I_{0x}}{h_{Gx}A_x}$$
$$= \frac{3.0}{2} + \frac{\frac{4.5\times 3.0^3}{12}}{\frac{3.0}{2}\times 4.5\times 3.0}$$
$$= 1.5 + \frac{4.5\times 3.0\times 2}{12\times 3.0\times 4.5\times 3.0}$$
$$= 2.00\,\mathrm{m}$$

$$P_z = \rho g V = 9.8\,\mathrm{kN/m^3}\times\frac{\pi 3.0^2}{4}\times 4.5$$
$$= 311.7\,\mathrm{kN} = 3.12\times 10^2\,\mathrm{kN}$$
$$P = \sqrt{198.5^2 + 311.7^2}$$
$$= 369.5\,\mathrm{kN} = 3.70\times 10^2\,\mathrm{kN}$$

【E1.5】 浮力（Lesson 9 参照）

（**1**） $W = \rho' g V$
$$= 550\,\mathrm{kg/m^3}\times 9.8\,\mathrm{m/s^2}\times 1^2\times 4\,\mathrm{m^3}$$
$$= 21\,560\,\mathrm{N} = 21.6\,\mathrm{kN}$$

（**2**） $B = \rho g V = 1.0\times 9.8\times 1\times 4\times d\,\mathrm{kN}$

$W = B$ より，$9.8\times 4\times d\,\mathrm{kN} = 21.56\,\mathrm{kN}$

$$d = \frac{21.56}{4\times 9.8} = 0.55\,\mathrm{m} = 0.6\,\mathrm{m}$$

Exercises 2　ベルヌーイの定理

【E2.1】　ベンチュリ管（13-3 節参照）

$$v_2 = \sqrt{2gH}\frac{d_1^2}{\sqrt{d_1^4 - d_2^4}}$$

$$= \sqrt{2 \cdot 9.8 \cdot 0.15} \times \frac{0.40^2}{\sqrt{0.40^4 - 0.20^4}}$$

$$= 1.715 \times \frac{0.16}{0.154\,9}$$

$$= 1.770\,6 \cdots = 1.8\ \mathrm{m/s}$$

$$Q = v_2 A_2$$

$$= 1.77 \times \frac{\pi\, 0.20^2}{4}$$

$$= 0.055\,6 \cdots = 0.056\ \mathrm{m^3/s}$$

【E2.2】　ベルヌーイの定理（完全流体，Lesson 12 参照）

（**1**）　$Q = A_1 v_1 = A_2 v_2$ より

$$v_2 = \frac{A_1}{A_2} v_1$$

$$= \frac{\dfrac{\pi\, 0.3^2}{4}}{\dfrac{\pi\, 0.1^2}{4}} \times 1.5$$

$$= \frac{0.3^2}{0.1^2} \times 1.5$$

$$= 13.5\ \mathrm{m/s}$$

（**2**）　$Q_2 = \dfrac{\pi\, 0.1^2}{4} \times 13.5 = 0.106\ \mathrm{m^3/s}$

$$\frac{v_1^2}{2g} + 15 + \frac{p_1}{\rho g} = \frac{v_2^2}{2g} + 11 + \frac{p_2}{\rho g}$$

$$\frac{p_2}{\rho g} = \frac{v_1^2 - v_2^2}{2g} + 4 + \frac{p_1}{\rho g}$$

$$p_2 = \frac{\rho}{2}(v_1^2 - v_2^2) + 4\rho g + p_1$$

$$p_2〔\mathrm{Pa}〕 = \frac{1\,000\ \mathrm{kg/m^3}}{2}(1.5^2 - 13.5^2) + 4 \cdot 1\,000 \cdot 9.8 + 200 \times 1\,000$$

$$p_2〔\mathrm{kPa}〕 = -90 + 39.2 + 200 = 149.2\ \mathrm{kPa} = 1.5 \times 10^2\ \mathrm{kPa}$$

【E2.3】　ベルヌーイの定理の応用（Lesson 13 参照）

（**1**）　$v_1 = \sqrt{2gH_1} = \sqrt{2 \cdot 9.8 \cdot 1.5} = 5.422 \cdots = 5.4\ \mathrm{m/s}$

（**2**）　$v_2 = \sqrt{2gH_2} = \sqrt{2 \cdot 9.8 \cdot 3} = 7.668 \cdots$

$v_3 = \sqrt{2gH_3} = \sqrt{2 \cdot 9.8 \cdot 5} = 9.899 \cdots$

$$Q = v_1\frac{\pi\,0.2^2}{4}+v_2\frac{\pi\,0.2^2}{4}+v_3\frac{\pi\,0.2^2}{4}$$
$$= \frac{\pi\,0.2^2}{4}(v_1+v_2+v_3)$$
$$= \frac{\pi\,0.2^2}{4}(5.42+7.67+9.90)$$
$$= 0.722\,2\cdots = 0.72\ \mathrm{m^3/s}$$

【E2.4】 大オリフィスと小オリフィス（Lesson 13 参照）

オリフィスはその流出孔（こう）が大きいものを大オリフィス，小さいものを小オリフィスと呼ぶ。小オリフィスは水深 H に比べて孔が小さく，**解図 E2.4.1**（a）に示すように，孔から流出する速度はどの部分でも等しいと考えられる（$v_1=v_2$，支配方程式は 13-4 節）。

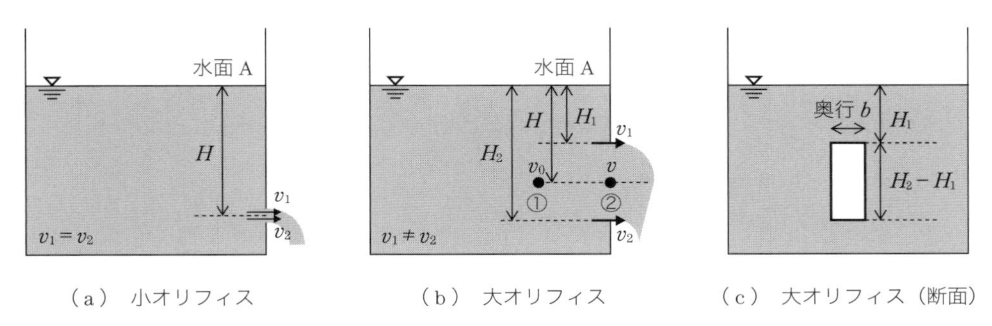

（a） 小オリフィス　（b） 大オリフィス　（c） 大オリフィス（断面）

解図 E2.4.1 大オリフィスと小オリフィス

一方，大オリフィスはオリフィスの上部と下部で水深が異なり，流速も一様ではない。大オリフィスでは水槽内でも流れが生じ，これを**接近流速** v_0 と呼ぶ。ここで図（b）の点 ① と点 ② でベルヌーイの定理を考えると

$$\frac{v_0{}^2}{2g}+0+\frac{p_0}{\rho g}=\frac{v^2}{2g}+0+\frac{0}{\rho g}$$

$\dfrac{p_0}{\rho g} = H$ より

$$\frac{v_0{}^2}{2g}+H = \frac{v^2}{2g}$$

したがって

$$v = \sqrt{2g\left(H+\frac{v_0{}^2}{2g}\right)} = \sqrt{2g(H+H_0)}$$

このときの $\dfrac{v_0{}^2}{2g} = H_0$ を**接近流速水頭**と呼ぶ。

【E2.5】 大オリフィス（Lesson 13 参照）

大オリフィスの流量を求めるため，上式を用いて微小断面積 dA からの流量 dQ を考える。今，流量係数を C，幅を b として

$$dQ = C\sqrt{2g(H+H_0)}dA = C\sqrt{2g(H+H_0)}bdh$$

$$Q = \int_{H_1}^{H_2} C\sqrt{2g(H+H_0)}\,b\,dh = Cb\sqrt{2g}\int_{H_1}^{H_2}\sqrt{(H+H_0)}\,dh$$

$$= \frac{2}{3}Cb\sqrt{2g}\{(H_2+H_0)^{3/2}-(H_1+H_0)^{3/2}\}$$

この問題では接近流速を無視してよいので $H_0=0$ である。したがって

$$Q = \frac{2}{3}Cb\sqrt{2g}(H_2^{3/2}-H_1^{3/2}) = \frac{2}{3}\times 0.62\times 0.06\,\mathrm{m}\times\sqrt{2\times 9.8}\times(0.25^{3/2}-0.16^{3/2})$$

$$= 0.0248\times 4.427\times 0.061 = 6.7\times 10^{-3}\,\mathrm{m^3/s}$$

Exercises 3　管水路の流れ

【E3.1】　流入損失水頭（Lesson 17 参照）

（**1**）　$Q=vA$

$$v = \frac{Q}{A} = \frac{0.12}{\dfrac{\pi 0.40^2}{4}} = 0.9549\cdots = 0.95\,\mathrm{m/s}$$

（**2**）　水槽の水面と，マノメーターの基準線上の点でベルヌーイの定理を考えると

$$0+2.0+0 = 1.65+0+\frac{v^2}{2g}+h_e$$

$$h_e = 2.0-1.65-\frac{0.955^2}{2g} = 0.3034\cdots = 0.30\,\mathrm{m}$$

【E3.2】　サイフォン（Lesson 17，18 参照）

サイフォンは水理学ではもちろん，普段の生活でも目にすることのある現象である。若干計算が煩雑ではあるが，根気よく丁寧に進めていけば大丈夫である。

（**1**）　点 A，C にベルヌーイの定理の式を立てると

$$\frac{v_A^2}{2g}+z_A+\frac{p_A}{\rho g} = \frac{v_C^2}{2g}+z_C+\frac{p_C}{\rho g}+\left(f_e+f_{be}+f_o+f\frac{l_1+l_2}{d}\right)\frac{v^2}{2g}$$

水面上なので

$p_A = p_C = 0$（大気圧）

$v_A^2 \fallingdotseq v_C^2 \fallingdotseq 0$

とみなせ，水槽の水位差 $H=z_A-z_C$ なので，上式は

$$z_A-z_C = \left(f_e+f_{be}+f_o+f\frac{l_1+l_2}{d}\right)\frac{v^2}{2g}$$

$$H = \left(f_e+f_{be}+f_o+f\frac{l_1+l_2}{d}\right)\frac{v^2}{2g}$$

したがって

$$v = \sqrt{\frac{2gH}{f_e+f_{be}+f_o+f\dfrac{l_1+l_2}{d}}}$$

$$= \sqrt{\frac{2\times 9.8\times 8}{0.5+0.2+1.0+0.025\times\dfrac{10+25}{0.4}}} = \sqrt{\frac{156.8}{3.8875}} = 6.35\,\mathrm{m/s}$$

（2） 点 A，B のベルヌーイの定理の式を立てると

$$\frac{v_A{}^2}{2g}+z_A+\frac{p_A}{\rho g}=\frac{v_B{}^2}{2g}+z_B+\frac{p_B}{\rho g}+\left(f_e+f_{be}+f\frac{l_1}{d}\right)\frac{v_B{}^2}{2g}$$

ここで，$H_B=z_B-z_A$ より，上式は

$$0=\frac{v_B{}^2}{2g}+H_B+\frac{p_B}{\rho g}+\left(f_e+f_{be}+f\frac{l_1}{d}\right)\frac{v_B{}^2}{2g}$$

$$\therefore\quad \frac{p_B}{\rho g}=-H_B-\left(1+f_e+f_{be}+f\frac{l_1}{d}\right)\frac{v_B{}^2}{2g}$$

$$v_B=\sqrt{\frac{2gH}{f_e+f_{be}+f_o+f\dfrac{l_1+l_2}{d}}}$$ を代入して

$$\frac{p_B}{\rho g}=-H_B-\frac{1+f_e+f_{be}+f\dfrac{l_1}{d}}{f_e+f_{be}+f_o+f\dfrac{l_1+l_2}{d}}H$$

$$=-1.0-\frac{1+0.5+0.2+0.025\times\dfrac{10}{0.4}}{0.5+0.2+1.0+0.025\times\dfrac{35}{0.4}}\times 8$$

$$=-1.0-\frac{2.325}{3.887\,5}\times 8$$

$$=-5.784\cdots\text{ m}>-8\text{ m}$$

よって，サイフォンは機能する。

【E3.3】 水車（Lesson 18 参照）

$$v=\frac{Q}{A}=\frac{0.8}{\dfrac{\pi\,0.5^2}{4}}=4.074\text{ m/s}$$

有効落差　$H_e=H-f\dfrac{l}{d}\dfrac{v^2}{2g}$

$$=60-0.024\times\frac{50}{0.5}\times\frac{4.074^2}{2\cdot 9.8}$$

$$=60-2.03=57.97\text{ m}$$

$$P=9.8\times(0.7\times 0.9)\times 0.8\times 57.97$$

$$=286.3\text{ kW}=2.9\times 10^2\text{ kW}$$

【E3.4】 ポンプ（Lesson 18 参照）

$$v=\frac{Q}{A}=\frac{0.5}{\dfrac{\pi\,0.4^2}{4}}=3.979\text{ m/s}$$

管路の全損失水頭は

$$h_f+h_l=\left(f_e+f_v+f_{be}\times 2+f_o+f\frac{l}{d}\right)\frac{v^2}{2g}$$

$$= \left(0.5+0.055+2\times0.15+1.0+0.03\times\frac{700}{0.4}\right)\times\frac{3.979^2}{2\times9.8}$$

$$= 54.355\times0.8077 = 43.91\ \mathrm{m}$$

全揚程　$H_P = H+h_f+h_l$

$$= 40+43.91 = 83.91\ \mathrm{m}$$

動　力　$S = \dfrac{9.8\times Q\times H_P}{\eta_P} = \dfrac{9.8\times0.5\times83.91}{0.7} = 587.4\ \mathrm{kW} = 5.9\times10^2\ \mathrm{kW}$

Exercises 4　開水路の流れ

【E4.1】　フルード数（Lesson 20 参照）

（**1**）　$v = \dfrac{Q}{A} = \dfrac{8.0}{1.2\times10} = 0.666\cdots = 0.67\ \mathrm{m/s}$

（**2**）　$Fr = \dfrac{v}{\sqrt{gH}} = \dfrac{0.666}{\sqrt{9.8\times1.2}} = 0.19<1$　よって常流である。

【E4.2】　比エネルギー（Lesson 19 参照）

$$H_c = \sqrt[3]{\frac{Q^2}{gB^2}} = \sqrt[3]{\frac{7^2}{9.8\times\sqrt{5}^2}} = 1.0\ \mathrm{m}$$

$$E_c = \frac{3}{2}H_c = 1.5\ \mathrm{m}$$

【E4.3】　比エネルギー曲線（Lesson 19 参照）

ア：常　イ：射　ウ：限界

【E4.4】　マニングの粗度係数（Lesson 21 参照）

$$R = \frac{A}{S} = \frac{2\times4}{4+2\times2} = 1\ \mathrm{m}$$

マニングの公式 $v = \dfrac{1}{n}R^{2/3}I^{1/2}$ より

$$n = \frac{1}{v}R^{2/3}I^{1/2} = \frac{1}{3.0}1^{2/3}\left(\frac{1}{400}\right)^{1/2} = \frac{1}{3.0}\times0.05 = 0.01666\cdots = 0.017$$

おわりに

水理学を勉強してみていかがでしたか？　難しかった！，簡単だった！，人によって感想は違うことでしょう。本書で扱った水理学は入門編であり，例えば，ストークスの定理，管路網，相似則など触れなかった項目もあります。ですが，これらの話は本書で扱った基礎をしっかり理解していれば，自学自習でも勉強を進めていけるのではないかと思います。誰にでも“はじめて”は存在するのであり，その壁を乗り越えることができたら，その先へは自分の足で歩いていけるものです。

水理学は，海岸工学，河川工学，水環境工学，衛生工学など，より専門的・実際的な学問の基礎となります。おそらく土木技術者・研究者としての面白みは，その専門的な領域にあるのではないかと思います。例えば，海岸・河川の防災対策に，流量・水位管理は欠かせませんし，河川の水生生物にも堰やダムの影響は及びます。

土木（水工）の世界はまだ開かれたばかり。この先にも面白いことがたくさん待ち受けています。みなさんが基礎をしっかり固め，技術を理解する一市民として，そして土木技術（研究）者として花開かれることを心より願っています。

末尾になりますが，本書の原稿を非常に丁寧に推敲，修正していただいた東海大学工学部土木工学科の山本吉道教授に心より御礼申し上げます。教科書執筆の機会をいただいたコロナ社の皆様に，そして何より，この 10 年間一緒に学び研究を進めてきた東海大学工学部土木工学科学生の皆さんに御礼申し上げます。皆さんとの出会いがあってこそ，今の私があります。最後に，時に休日返上で執筆を支えてくれた家族に，深い感謝を。

2018 年 10 月　湘南にて

索引

――著者略歴――

2004年　筑波大学第一学群自然学類物理学専攻卒業
2006年　東京大学大学院新領域創成科学研究科修士課程修了（環境学専攻）
2009年　東京大学大学院新領域創成科学研究科博士課程修了（環境学専攻）
　　　　博士（環境学）
2009年　東海大学工学部土木工学科助教
2012年　東海大学工学部土木工学科講師
2017年　東海大学工学部土木工学科准教授
　　　　現在に至る

書き込み式　はじめての水理学
Elementary Hydraulics

2019年4月26日　初版第1刷発行
2024年9月10日　初版第2刷発行　★

検印省略

著　者　寺（てら）　田（だ）　一（かず）　美（み）
発行者　株式会社　コロナ社
　　　　代表者　牛来真也
印刷所　新日本印刷株式会社
製本所　有限会社　愛千製本所

112-0011　東京都文京区千石 4-46-10
発行所　株式会社　**コロナ社**
CORONA PUBLISHING CO., LTD.
Tokyo Japan
振替 00140-8-14844・電話(03)3941-3131(代)
ホームページ　https://www.coronasha.co.jp

ISBN 978-4-339-05264-0　C3051　Printed in Japan　（柏原）